目录

Part 1 养育0~1个月宝宝

Part 2 养育1~2个月宝宝

Part 3 养育2~3个月宝宝

Part 4　养育3~4个月宝宝

Part 5　养育4~5个月宝宝

003

Part 6 养育5~6个月宝宝

Part 7 养育6~7个月宝宝

Part 8　养育7~8个月宝宝

Part 9　养育8~9个月宝宝

Part 10 养育9~10个月宝宝

Part 11 养育10~11个月宝宝

Part 12 养育11~12个月宝宝

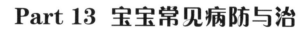

Part 13 宝宝常见病防与治

80
后亲密育儿

Part 1

养育0~1个月宝宝

身体发育标准

		女宝宝	男宝宝
出生时	身高	45.4~52.9厘米，平均49.1厘米	46.1~53.7厘米，平均49.9厘米
	体重	2.8~4.2千克，平均3.2千克	2.9~4.4千克，平均3.3千克
	头围	32.8~35.2厘米，平均34厘米	33.3~35.7厘米，平均34.5厘米
满月时	身高	49.8~57.6厘米，平均53.7厘米	50.8~58.6厘米，平均54.7厘米
	体重	3.6~5.5千克，平均4.2千克	3.9~5.8千克，平均4.5千克
	头围	35.9~38.5厘米，平均37.2厘米	36.7~39.3厘米，平均38厘米

宝宝的生长发育

第1周

新生宝宝的身高一般都高于47厘米，坐高则在33厘米左右。

新生儿的体重一般在2500~4000克之间。如果不足2500克，属于未成熟儿，若大于4000克则为超重，是巨大儿。未成熟儿与巨大儿均需要给予特别的关照与护理。

宝宝出生2~4天时，有时会发生体重下降的现象，这是因为宝宝排出胎便损失水分、而奶水吸收相对较少造成的，在7天以后，体重就会恢复到出生时的重量。

* 新生儿的条件反射

在生命的第一周，婴儿的身体活动主要是反射，这些反射是与生俱来的：

摩罗反射：当婴儿的头部突然移动，或向后跌倒，或因某种原因吃惊时，他的反应是手脚张开，颈部伸直，然后快速将手臂抱在一起，开始大哭。

踏步反射：用手臂托着他，让他的足底接触一个平面，他会将一只脚放在另一只前面，好像在走步。

觅食反射：在你轻轻叩击他的腮或口唇时，他会将头转向你的手，这有助于授乳时寻找乳头。

强直性颈反射：头转向一侧时，这一侧手臂伸直，另一侧弯曲。

掌握反射：叩击婴儿手掌时，他会立即握住你的手指。

足握反射：叩击他的足底时，他的足底屈曲，脚趾收紧。

第2~4周

经过1周的调整，宝宝快速适应了这个新鲜的世界，他的体重停止下降，恢复到出生时的重量，之后，体重与身高，都会有爆发性的增长：

体重每天都会增加20~30克，每周增加约200~250克，身高每天都有1~2毫米的进展，这种状况会一直持续到出生后6周。

育儿一点诀

每个宝宝之间都有差异，我们提供的只是一个平均值。如果宝宝的发育与这个标准有差异，这是正常的，但如果相差得太远，你要向医生咨询，也可以拨打本书封底的专家热线，我们的专家会给你细致的解答。

宝宝的营养

产后半小时内给宝宝喂奶

宝宝出生后30分钟内，妈妈就要立即给宝宝喂奶。一般宝宝出生10~15分钟后就会自发地吸吮乳头。宝宝会凭借先天的本能找到乳头并开始吸吮。这时宝宝吸吮的就是妈妈的初乳，几天后，初乳会渐渐变稀，最后成为普通的乳汁。

我们提倡妈妈尽早给宝宝开奶（开始给宝宝喂奶），让宝宝早点吮吸妈妈的乳头，因为宝宝强有力的吸吮是对乳房最好的刺激，喂奶越早、越勤，妈妈乳汁分泌得就越多，为以后的哺乳打好基础。

一般产后半小时内就可以开奶，最晚也不要超过6小时，虽然此时乳汁较少，但仍然含有大量珍贵的营养物质，对宝宝的健康很有益。

尽可能让宝宝吃上初乳

开奶后宝宝吃上的就是初乳，初乳是新妈妈生产后5天内分泌的乳汁，初乳颜色淡黄，是宝宝出生后最佳的营养品。

之所以这么重视初乳，是因为初乳中含有丰富的免疫球蛋白、乳铁蛋白、溶菌酶和其他免疫活性物质，有助于胎便的排出，防止新生儿发生严重的下痢，并且可以增强新生儿抗感染能力。此外，初乳中所含的脂肪、碳水化合物、无机盐与微量元素等营养素最适合宝宝早期的需要，不仅容易消化吸收，而且不增加肾脏的负担。

很多妈妈嫌初乳"脏"，不肯给宝宝吃而将初乳挤掉。殊不知，你这么一任性，却将宝宝出生后的最佳营养品糟蹋了。

我们建议妈妈，一定要尽可能地让宝宝吃上妈妈的初乳。

母乳喂养的正确姿势

母乳喂养时采用正确的姿势是非常重要的，否则，不但宝宝不能顺利地吸到妈妈的奶水，妈妈也会被累得腰酸背痛，甚至造成乳头受伤。

如果宝宝是足月的顺产宝宝，妈妈可以采取"摇篮式喂哺法"：坐卧在床上或椅子上，让宝宝的头靠在搂抱一侧的肘窝内，手指搂住宝宝的腰臀或大腿上部，使宝宝的身体夹在妈妈臂下（大约和腰部相平）。宝宝的肚子紧靠妈妈的胸部，就可以使宝宝轻松地吸到妈妈的奶水了。

如果宝宝太小，或妈妈做过剖宫产手术，可以采取"橄榄球式喂哺法"：一只手托住宝宝的头部，就像夹着橄榄球一样把宝宝夹在与哺乳乳房同一侧的胳膊下面，另一手则托住宝宝的颈部和背部，使宝宝的鼻子达到妈妈的乳头高度，双脚伸在妈妈的背后，用手做出一个"C"形，托住乳房，引导宝宝找到乳头。乳房较大、乳头扁平的妈妈也可以采取这种方式给宝宝喂奶。

如果妈妈想更省力些，可以在自己的背后、宝宝的身体下方垫几个靠垫，不仅可以增加支撑力，还能帮助妈妈缓解长时间哺喂母乳所造成的腰酸背痛。

育儿一点诀

你不妨每种姿势都试试，选择一种自己和宝宝都感觉最舒适的姿势。无论选择哪种姿势，请确定宝宝的腹部是正对你的腹部，这有助于宝宝正确地"吮住"或"攀着"。也不要只用双手抱着宝宝，而是要将宝宝搁在自己的大腿上。否则，哺乳后往往会腰酸背痛！

如何让奶水更丰富营养

母乳是宝宝最理想的天然食品，为此，妈妈要注意提高母乳质量，让奶水更丰富、更营养。妈妈的乳汁质量高，宝宝的成长速度就快，且体质较强。

那么，怎样做才能让奶水丰富起来呢？妈妈可以从以下四方面入手：

1 尽早地为宝宝进行第一次哺乳，第一次哺乳时间越早，乳汁的量越多。如果没有不适，建议在产后半小时内就可以给宝宝哺乳。

2 可以找有经验的催乳师对乳房进行按摩催乳，平时可以自己用热毛巾热敷乳房，也能起到促进乳汁分泌的作用。

3 从饮食中摄取足够的能量，包括脂肪、蛋白质、碳水化合物，它们是组成乳汁的重要营养保证，建议妈妈哺乳期间不要节食。

4 在饮食中加入一些有催乳作用的食材，如鲫鱼、猪蹄、母鸡、莴笋、金针菜、丝瓜、茭白、豌豆、黄豆及其制品，来增加乳汁的分泌量。

5 哺乳期间要多补充蔬菜、水果，注意各种维生素、矿物质及微量元素的摄入，以保证乳汁的营养全面，妈妈最好不要挑食、偏食。

6 哺乳期间要尽量避免大量喝水，以免乳汁含水量过高。由于宝宝食量有限，大量喝水会稀释乳汁，使宝宝得不到充足的营养。

7 不要吃刺激性的食物，也不要吃寒凉生冷之物，这些食物都会影响乳汁分泌。

8 保持良好的情绪，七情过度则乳汁不畅，任何精神因素的刺激，都会影响泌乳激素的分泌，使乳汁减少。

育儿一点诀

乳汁如果营养丰富，就会比较浓稠；反之，就会稀淡。乳汁稀一两次没有关系，如果一直稀，就要加强营养，否则难以满足宝宝的营养需求。

怎么判断宝宝是不是吃饱了

在给宝宝喂奶后，妈妈们最关心的问题莫过于宝宝是否吃饱了。由于宝宝无法直接用言语和妈妈沟通，妈妈就要通过观察来判断宝宝是否已经吃饱。

宝宝有没有吃饱可以从以下方面观察出来：

1 吞咽的时间超过10分钟。宝宝吃奶时，一般吮吸2~3口，就会吞咽一次。如果发现他吞咽一次的时间变得很长，一般表示已经吃饱。

2 表情很满足，神情愉悦。宝宝如果吃饱了，会表现出满足、愉悦的神情，有时候还会不自觉的微笑，每次的睡眠时间也比较长。

3 大便软，呈金黄色、糊状，每天2~4次。宝宝如果吃饱了，每天大约会排大便2~4次，颜色呈金黄色（奶粉喂养的宝宝大便呈淡黄色），有的宝宝大便次数较少，但只要颜色正常即可。没吃饱时大便会呈绿色，而且小便量和次数都较少（正常情况下每天的小便次数在10~15次之间）。

如果妈妈实在不放心宝宝是不是吃饱了，可以用手指点宝宝的下巴。如果他很快将你的手指含住吸吮则说明没吃饱，应稍加奶量。

育儿一点诀

有的妈妈习惯用宝宝吃奶时间长短来判断是不是吃饱了，其实这并不是很准确，有的宝宝吃奶慢，虽然吃奶时间较长，但是吞咽时间不足，还是吃不饱。

宝宝吐奶、溢奶怎么办

宝宝吐奶、溢奶的情况一般都是正常的，因为新生宝宝的胃比较特殊，吃到胃里的食物比较容易回流，一般等宝宝长到6~8个月之后会自行消失，只要体重增长正常，精神良好，妈妈就不必太过担忧。

宝宝溢奶是因为吃奶时，一些空气被吸到胃里，这些空气在宝宝吃完后会从胃里溢出，同时带了一些奶水出来，就形成了溢奶。

溢奶时奶水是自然从宝宝口中流出的，宝宝没有痛苦的表情，一般在哺乳过后吐一两口就没事了，妈妈无须紧张，只要每次哺乳后，将宝宝竖直抱起，帮他拍几个嗝出来，将胃里的空气排出，溢奶就会减少。如果拍完嗝宝宝还会溢奶，就让他俯卧一会儿，不过俯卧的时候，妈妈一定要守在宝宝身边，以免宝宝窒息。

宝宝吐奶不同于溢奶，吐奶是因为宝宝肠胃功能较弱，在胃里的食物无法顺利进入肠道，转而从宝宝口里流出形成的。

吐奶一般发生在喂奶后半个小时，吐奶时，宝宝会出现呕吐的痛苦表情，奶水呈喷射状吐出。宝宝如果吐奶量多且频繁，妈妈要注意观察有没有其他症状，如果宝宝精神愉快，且体重、身高都增长正常，就不必担心，妈妈可以这样缓解：

1 喂奶时，要让宝宝的嘴裹住整个奶头，不要留有空隙，以防空气乘虚而入；用奶瓶喂时，应让奶汁完全充满奶头。

2 喂奶时，让宝宝的身体保持一定的倾斜度（45度为佳），以减少吐奶的机会。

3 喂奶后，不要急于放下宝宝，让宝宝趴在你的肩头，再用两手轻拍宝宝的背部，让他打嗝，排出腹内的空气。

但要注意的是，如果宝宝同时有精神萎靡、食欲不振、发热、咳嗽等症状，且体重、身高都增长缓慢，妈妈要及时带宝宝就医。

人工喂养的宝宝要适量喂点白开水

人工喂养的宝宝一定要注意喂水：

牛奶中的蛋白质80%以上是酪蛋白，分子量大，不易消化，牛奶中的乳糖含量较人乳少，这些都是容易导致便秘的原因，给孩子补充水分有利于缓解便秘。

另外，牛奶中含钙磷等矿物盐较多，大约是人乳的2倍，过多的矿物盐和蛋白质的代谢产物从肾脏排出体外，需要水的参与才能够完成。

此外，婴儿期是身体生长最迅速的时期，组织细胞增长时要蓄积水分，婴儿期也是体内新陈代谢旺盛阶段，排出的废物较多，而肾脏的浓缩能力差，所以尿量和排泄次数都多，需要的水分也多。

由于宝宝之间存在个体差异，喝水量以宝宝的需求、气候及饮食等情况而定，每次可多可少，在50~120毫升之间，不要强迫宝宝喝水。在宝宝发热呕吐及腹泻的情况下可增加水量。

喂水时间在两次喂奶之间较合适，否则会影响喝奶量，喂水次数要根据宝宝的需求来定，一次或数次不等，夜间最好不要喂水，以免影响睡眠。

半岁前的宝宝以喝白开水为宜，蔬菜水和果汁可以喂，但一定要少量，最好不加糖。

什么情况下需要混合喂养

除了迫不得已需要人工喂养外，大多数妈妈都希望用自己的纯母乳喂养宝宝，这是最好的，但有的妈妈会由于一些客观原因不能每顿都给宝宝喂母乳，这时妈妈一定不要勉强自己，也不要自责，可以购买合适的奶粉进行混合喂养，以免引起宝宝营养不良。

当宝宝出现以下状况时，说明母乳不足，妈妈需要给宝宝适当地添加奶粉，混合喂养：

1 宝宝吃奶吞咽时间累计不足10分钟。

2 宝宝吃奶到最后总会哭一会儿。

3 宝宝睡眠时间较短，醒来就要吃奶。

4 宝宝大便呈绿色黏液状等。

5 宝宝每周体重增长不足125克，或在满月时体重增长不足500克。

另外，有的妈妈在产假结束后，需要重新回到工作岗位，不能够继续给宝宝全母乳喂养，这时候，也需要混合喂养。

夜间给宝宝喂奶要注意什么

由于新生儿还没有形成一定的生活规律，在夜间还需要妈妈来喂奶，这样会影响妈妈的正常休息。此外，妈妈在半梦半醒之间给宝宝喂奶很容易发生意外，你要注意以下几点：

1 不要让宝宝含着奶头睡觉。有些妈妈为了避免宝宝哭闹影响自己的休息，就让宝宝叼着奶头睡觉，或者一听见宝宝哭就立即把奶头塞到宝宝的嘴里，这样就会影响宝宝的睡眠，也不能让宝宝养成良好的吃奶习惯，而且还有可能在妈妈睡熟后，乳房压住宝宝的鼻孔，造成婴儿窒息死亡。

2 保持坐姿喂奶。为了培养宝宝良好的吃奶习惯，避免发生意外。在夜间给宝宝喂奶时，也应像白天那样坐起来抱着宝宝喂奶。

3 延长喂奶间隔时间。如果宝宝在夜间熟睡不醒，就要尽量少地惊动他，把喂奶的间隔时间延长一下。一般说来，新生儿期的宝宝，一夜喂2次奶就可以了。

宝宝的护理

如何听懂宝宝的哭声

哭对宝宝来说，最正常不过了，在他会讲话以前，这是他唯一能让大人感觉到他的方式。在刚开始的时候，妈妈肯定觉得宝宝的各种哭声都一样，但是细心的妈妈会发现，哭声可是宝宝的"语言"哦，宝宝在用他自己的语言来表达他的需要并和周围的人交流呢。

要听懂宝宝的哭声，需要了解他一般会因为什么而哭：

*饥饿

当宝宝饥饿时，哭声很洪亮，哭时头来回活动，嘴不停地寻找，并做着吸吮的动作。只要一喂奶，哭声马上就会停止。而且吃饱后会安静入睡，或满足地四处张望。

*感觉冷

当宝宝冷时，哭声会减弱，并且面色苍白、手脚冰凉、身体紧缩，这时把宝宝抱在温暖的怀中或加盖衣被，宝宝觉得暖和了，就不再哭了。

*感觉热

如果宝宝哭得满脸通红、满头是汗，一摸身上也是湿湿的，被窝很热或宝宝的衣服太厚，那么减少铺盖或减衣服，宝宝就会慢慢停止啼哭。

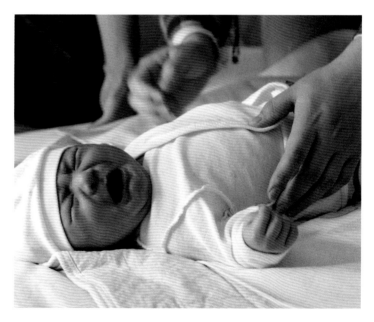

* 便便了

有时宝宝睡得好好的，突然大哭起来，好像很委屈，赶快打开包被，原来是大便或者小便把尿布弄脏了，这时候换块干的尿布，宝宝就安静了。

* 不安

宝宝哭得很紧张，你不理他，他的哭声会越来越大，打开尿布一看，咦，尿布没湿，那是怎么回事？可能是宝宝做梦了，或者是宝宝对一种睡姿感到厌烦了，想换换姿势可又无能为力，只好哭了。那就拍拍宝宝告诉他"妈妈在这，别怕"，或者给宝宝换个体位，他又接着睡了。

* 就是想哭

一些宝宝常常在每天的同一个时间"发作"，或者不是因为什么原因，而是你的宝宝就是想哭。这个时候，要学会安抚宝宝，带宝宝出去散步、给他唱歌、帮助他打嗝等能有效地让宝宝停止哭泣。如果宝宝哭的时间较长，可以叫家人陪伴你，在你累的时候替换一下。

* 生病

还有的时候，宝宝不停地哭闹，用什么办法也没用。有时哭声尖而直，伴发热、面色发青、呕吐，或是哭声微弱、精神萎靡、不吃奶，这就表明宝宝生病了，要尽快请医生诊治。

育儿一点诀

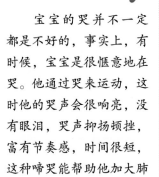

宝宝的哭并不一定都是不好的，事实上，有时候，宝宝是很惬意地在哭。他通过哭来运动，这时他的哭声会很响亮，没有眼泪，哭声抑扬顿挫，富有节奏感，时间很短，这种啼哭能帮助他加大肺部活动量，促进神经系统的发育，也能促进消化吸收能力。

宝宝一直哭闹不安怎么办

我们知道，哭是新生儿的语言，宝宝会以哭闹的方式来表达自己。一般来说，当宝宝出现不明原因的啼哭时，妈妈应该先从生理性原因考虑，并参考上文的建议进行安抚，如果排除了，再考虑病理性因素，必要时就要及时上医院就诊了。

生理性哭闹的宝宝往往是饿了、渴了，或是一个人觉得无聊了。有些不大舒适时，新生儿也会哭闹一阵，这种哭闹最大的特点就是宝宝哭声响亮，食欲、体温正常，一旦需求得到满足，哭闹马上就会停止，不需担心。

如果宝宝总是哭闹不安，或是像小猫一样呻吟地哭泣，食欲不佳、体温上升或精神萎靡，妈妈就要警惕，看宝宝是不是生病了，病理性哭闹是反映宝宝健康情况的重要信号。

各种哭闹不安的情况下，妈妈应该怎么做：

1 持续地哭闹不安，并且精神较差

如果宝宝持续地哭闹不安，而且精神状态萎靡不振，食欲不佳，有可能是发热了，妈妈应该量一下宝宝的体温，看看是否有发烧的现象。

2 哭闹不安，精神萎靡，触及某一部位后哭闹加重

如果宝宝一直在哭，不发烧，碰到身体的局部哭得更厉害，可能是皮肤方面的问题。妈妈要细心查看身体各部位有没有异常，臀部、颈下、腋下皮肤皱褶处有没有发生皮肤糜烂，耳朵、脐带处是否流脓等。

3 突然哭闹，哭声高而尖，眼神呆滞

这可能是宝宝脑部病变的信号，一旦发现这个现象，妈妈应该马上把宝宝送到医院就诊。

4 持续哭闹，哭声微弱，呼吸急促

宝宝的哭声微弱，并在安静时呼吸次数明显增快，体温也不升高反而身体发凉，就可能是患肺炎了，应该及早就医。需要注意的是，患了肺炎的宝宝还会表现出口吐白沫的症状。

5 剧烈哭闹，哭声响亮，后逐渐变轻，面色发白、食欲不振、呕吐，大便出血

当宝宝几个小时以上无原因地剧烈哭闹，时哭时停，伴有呕吐，随即排出暗红色血便时，宝宝可能是患了肠套叠。这种病非常危险，妈妈要立即把宝宝送到医院就诊。

怎样给宝宝布置房间

布置婴儿房好看不好看很重要，但实用性和安全性更重要。新生宝宝每天有三分之二以上的时间都需要在房间里睡觉，因此，房间的布置一定要充分为宝宝做足考虑，下面是妈妈需要考虑到的一些情况：

* 温度

婴儿的体温调节能力还不好，很容易随着外界温度高低变化。因此，室内温度最好控制在25℃~26℃，宝宝会觉得最舒服。

* 灯光

宝宝房间的灯光要柔和，不可太过刺眼。妈妈可以使用类似自然光的灯泡或是卤素灯照明，此外，也可以偶尔改变室内光线的色彩和明度，给宝宝多种不同的视觉感受。

* 色调

刚出生的宝宝视力还没发展完全，尤其是4个月以内的宝宝，可说是个大近视眼，大概30厘米以外的景物就是一片朦胧了。因此，婴儿房的色调最好不要太过鲜艳，以免过度刺激宝宝的眼睛。

* 窗帘

宝宝房内窗帘可以厚实一些，避免阳光直射房内，刺激宝宝的眼睛，窗帘拉下也可以增加宝宝的安全感。

* 地板材质

一般来说，石材地板太冷硬，而地毯容易暗藏尘螨，地垫又无法保证材质的化学成分，因此，宝宝房内的地板材质，最好选择木质地板。

* 寝具

宝宝的寝具一定要透气，床垫不要选择太厚的海绵垫，否则可能因汗水或尿水累积在海绵垫内无法挥发，而导致宝宝生痱子、患脓疮等问题。

* 天花板

天花板最容易被忽视，却是宝宝花大量时间观望的地方。宝宝房间里的天花板可以涂上好看的颜色，并将它设计得独特一些，比如挂一盏镶有不同颜色珠宝的灯。

育儿一点诀

有的妈妈很喜欢花草，但我们要提醒妈妈的是，宝宝的房间里最好不摆放花草，一来怕宝宝对花草过敏，二来花草的香气会减退宝宝的嗅觉并抑制食欲，三来花草容易引来病菌，宝宝无法抵抗，四来有的花草夜间会与宝宝争夺氧气。

抱新生宝宝的正确方法

新生宝宝身体柔软娇嫩，尤其头颈部力量非常小，妈妈在抱宝宝的时候需要格外小心，那么，怎样抱宝宝才正确呢？下面，我们给妈妈推荐一种抱法：

妈妈可以从宝宝身体靠近自己的一侧，把一只胳膊插入宝宝身下，撑起宝宝的头颈部及后背，让宝宝的头枕着你的臂弯，后背躺在你的前臂上，另一只手从外侧托起宝宝的臀部和腿部，与身体一起夹住宝宝的整个下肢，并使头部高出臀部10厘米。

这种横着抱的方法能比较好地支撑宝宝的头部和身体，宝宝会有安全感。未满月的宝宝一般都可以采取这种方式抱。

抱宝宝的时间不宜太长，尤其不要抱着宝宝睡觉，妈妈可以选在宝宝每次睡醒之后抱抱他，太长时间的搂抱，会让宝宝不舒服，并且影响他的心智发育。每天抱新生宝宝的时间最好不要超过3个小时，每次不超过30分钟。

还有，抱着宝宝的时候，可以多换换姿势，从一边换到另一边，这样宝宝的身体就比较轻松，不会太累。

育儿一点诀

待宝宝满月后，妈妈可以仿照抱新生宝宝的方法将宝宝竖着抱，这种抱法能让宝宝看到更多的风景，也能让你和宝宝面对面地交流，但一次持续时间仍然不能太长，因为宝宝腰部肌肉还不发达，容易累，你可以将打横抱与竖直抱多交替使用。

怎样给宝宝换尿布、洗尿布

给宝宝换尿布和洗尿布可以说是尿布发明以来，新爸爸新妈妈干得最多最烦琐的活。正是这一活动促使人类发明了纸尿裤，但纸尿裤无法完全代替尿布的作用，我们鼓励每一位新爸爸新妈妈都学着为宝宝换洗尿布：

＊怎样为宝宝更换尿布

1 用温水和医用纱布擦洗宝宝的两腿褶皱和生殖器官附近，女孩要从前向后清洗，最后擦干净水分，防止尿布疹的发生。

2 传统的换尿布法：一手将宝宝屁股轻轻托起，一手撤出尿湿的尿布，换上干尿布后将尿布扎在宝宝腰间的松紧带上。扎尿布松紧带不宜过紧或过松，过紧不仅有碍宝宝活动，也影响宝宝的呼吸；过松粪便会外溢污染周围。

3 80后妈妈的新方法：将宝宝洗干净后，将干净的尿布放在宝宝的身体下面，尿布的底边放在宝宝的腰部，然后将尿布下面的一个角从宝宝两腿之间向上兜至脐部，再将两边的两个角从身体的两侧兜过来，最后再用别针将尿布的三个角固定在一起，这样宝宝就像穿了条三角小内裤。

4 如果是男孩，把尿布多叠几层放在阴茎前面；如果是女孩，则可以在屁股下面多叠几层尿布，以增加特殊部位的吸湿性。

5 不宜将隔尿垫包裹在尿布外面，否则易发生红臀和尿布疹。要经常更换尿布。

＊怎样为宝宝清洗尿布

1 先将尿布上的大便用清水洗刷掉，再用中性肥皂搓在上面，静置30分钟，或用尿布专用洗涤剂，浸泡20~30分钟，然后搓洗，再用开水烫泡，水冷却后再稍加搓洗，然后用清水洗净晒干即可。

2 如尿布上无大便，只需要用清水洗2~3遍，然后用开水烫一遍，晒干后备用就可以了。

3 洗干净的尿布要妥善收藏，放在固定的地方，避免污染，以备随时使用。

给宝宝选择一个舒适的睡袋

宝宝睡袋可以让宝宝穿上小上衣，然后放在里面，既不用担心弄散包被，导致着凉感冒，又有利于宝宝活动，给宝宝选择一个舒适的睡袋，妈妈可以从以下方面考虑：

* 关于款式

目前市面上的睡袋款式大致分背心式、带袖式以及长方形钻入式三种。背心式睡袋可避免手臂受到束缚，同时又能调节体温；带袖的睡袋则可以避免手臂着凉，有些带袖的睡袋袖子可以拆卸；长方形睡袋展开后可以当小被子用，内胆可以拆卸，比较适合睡觉较乖的宝宝。

无论选什么样款式的睡袋，只要宝宝舒适，妈妈顺手就好。

* 关于厚薄和尺寸

选购睡袋一定要考虑当地气候及室温，以及宝宝的体质，如果在南方地区，冬季屋内没有暖气，而宝宝又属于火力较弱的体质，那么建议妈妈为宝宝选购带袖的羽绒睡袋。如果室内温度较高，建议妈妈选购相对薄的睡袋，避免宝宝因过热而引起体内上火。

一个质量好的睡袋用上两三个冬季是没有问题的，因此，在尺寸上建议买加长型的睡袋，最好可以根据宝宝的个头做适当调整，大致为宝宝身高加上20厘米以上。

* 关于质地

婴儿的健康应是考虑的第一位，因此睡袋的质地应该过硬，妈妈需要考虑的事情有：

1 花色要淡：布料印染中会存在某些不安全因素，对宝宝的皮肤会有影响。妈妈最好选择白色或浅的单色内衬的睡袋。

2 无异味：如果觉得刺鼻、有怪味的，哪怕是有香味的，都要慎选，因为这类睡袋很可能印染或填充物有问题，会影响宝宝的嗅觉器官或更甚。

3 做工精细：面料一般以全棉为好，还要注意设计细节，拉链要有布头保护，扣子及装饰物要牢固，内层要避免线头。

* 网购睡袋时需要注意的几点

1 尽量选择带有消费者保障的产品，降低买到不正规产品的概率。

2 看店铺的产品是否全面，专业的卖家一般在这点上都做得很好。

3 仔细看产品描述和图片，不要太冲动地拍下，货比三家不会亏。

4 选择含有"七天退货"项目的产品，大多数消费者都嫌售后退换货麻烦，但网购摸不到产品，万一睡袋不够柔软，可以在收到货7天内无条件地退换。

5 注意保存旺旺聊天记录，在需要的时候，这份记录将具有重要的法律效应。

育儿一点诀——

睡袋买回家后，一定要先洗一遍，并充分晒干后再给宝宝用。

如何给宝宝洗澡

新生宝宝身上有一股奶腥味，再加上吃奶的时候宝宝会流很多汗，因此，在温度适宜的情况下，给宝宝洗澡既可以保持皮肤清洁，避免细菌侵入，又可通过水对皮肤的刺激加速血液循环，增强机体的抵抗力，还可通过水浴过程，使宝宝全身皮肤触觉、温度觉、压觉等感知觉能力得以训练，使宝宝得到满足，有利于宝宝心理、行为的健康发展。

* 给宝宝洗澡的要点

1 准备好澡盆、毛巾与宝宝换洗的衣物，尿布、浴巾等放在顺手可取的固定地方。

2 洗澡时室内温度在24℃左右即可，水温在38℃~40℃，可以用肘部试一下水温，只要稍高于人体温度即可。

3 让宝宝保持良好的情绪，可以在洗澡的时候和宝宝说话，给他唱歌听，也可以将玩具戴在宝宝的手腕上或者挂在宝宝头部上方，这些都能让宝宝变得安静，也能让洗澡变得更轻松。

4 手法一定要轻柔、敏捷，把宝宝衣服脱掉，用大毛巾被裹住宝宝，用掌心托住头，拇指与中指用耳廓堵住耳眼。

5 先洗面部。将一个专用洗脸的小毛巾沾湿，用其两个小角分别清洗宝宝的眼睛，从眼角内侧向外轻轻擦拭；用小毛巾的一面清洗鼻子及口周、脸部；小毛巾的另外两角分别清洗两个耳朵、耳廓及耳后。

6 用少许清水清洗头部，按摩头皮，冲净，然后用小毛巾擦干。

7 洗完头面部后，去掉浴巾，妈妈左手掌握住宝宝左手手臂，让宝宝头枕在左臂上；用清水打湿宝宝的上身，让宝宝头微微后仰，右手用洗脸的小毛巾清洗宝宝颈部、前胸、腋下、腹部、手臂上下、手掌，注意皮肤皱褶处的清洗。

8 用洗臀部的小毛巾清洗宝宝的腹股沟、会阴部。换右手托住宝宝的左手臂，让宝宝趴在右手臂上，洗背部、臀部、下肢、足部。

9 用清水将宝宝的全身再冲洗一遍后，将宝宝抱出浴盆，用大浴巾将全身擦干，将宝宝放在铺有干净床单的床上或桌子上，盖上小被子。

10 如果宝宝的脐带不小心弄湿了，可用棉签蘸75%的酒精擦拭。另外，在给宝宝扑爽身粉时，注意不要让爽身粉洒落在宝宝脐带上，沾染了尿液或汗液的爽身粉容易引起感染。

11 初生宝宝洗澡的时间不宜过长，一般3~5分钟，时间过长易使宝宝疲倦，也容易着凉。

育儿一点诀

当宝宝的身体状况不适宜洗澡时，妈妈可以用柔软的温湿毛巾或海绵给宝宝擦身，但动作一定要轻，从上到下，从前到后逐渐地擦，某处皮肤较脏时，可蘸宝宝专用肥皂水擦洗，再用干净湿毛巾轻轻擦干。

学会观察宝宝的大小便

宝宝的大小便和哭声一样是一门学问，妈妈应该学会观察宝宝的粪便，以利于鉴别宝宝的状况：

1 新生儿出生不久，会出现黑、绿色的焦油状物，这是胎粪。这种情况仅见于宝宝出生的头2~3天。这是正常现象。

2 宝宝出生后1周内，会出现棕绿色或绿色半流体状大便，充满凝乳状物。这说明宝宝的大便变化，消化系统正在适应所喂食物。

3 橙黄色似芥末样的大便，且多水，有些奶凝块，量常常很多，这是母乳喂养宝宝的粪便。

4 浅棕色、有形、呈固体状、有臭味的东西，是人工喂养宝宝的粪便。

5 出现绿色或间有绿色条状物的粪便，也是正常现象。但是，少量绿色粪便持续几天以上，可能是喂得不够。

6 有时候宝宝放屁带出点儿大便污染了肛门周围，偶尔也有大便中夹杂少量奶

瓣，颜色发绿，这些都是偶然现象，妈妈不要紧张。关键是要注意宝宝的精神状态和食欲情况。只要精神佳，吃奶香，一般没什么问题。

7 如果宝宝继续出现异常大便，如水样便、蛋花样便、脓血便、柏油便等，则表示宝宝有病，应及时去咨询医生并治疗。

宝宝的脐带护理方法

宝宝的脐带在出生后就完成了它的使命。宝宝出生后7~10天，脐带会自动脱落，脱落前千万不要拽拉宝宝的脐带，为了避免感染，一天至少要帮宝宝做2~3次脐带的护理。

* 脐带脱落前的护理

宝宝出生后，需要剪断脐带，脐带就会留下一个断面，这个断面很容易被细菌入侵。因此，每次给宝宝清洁脐带之前都要看一下这个断面有无红肿和感染，如果没有什么特别情况，不要对这里做额外的处理。

清洁脐带的方法具体如下：

用品准备：棉签、浓度为75%的医用酒精或碘酒。

将双手洗净，轻轻拉起宝宝的脐带，用酒精或者碘酒将棉签蘸湿，从脐带根部开始消毒，然后从脐带根部由内往外进行消毒即可。

如果脐带根部发红，或脐带脱落后伤口不愈合，脐窝湿润、流水、有脓性分泌物等现象，要立即将宝宝送往医院治疗。

* 脐带脱落后

脐带脱落下来后，留下小小的伤疤，几天后就会痊愈。在脐带脱落的时候，可能会有以前的血滴出现，如果宝宝肚脐有黏液渗出或者发红，妈妈应该咨询医生。

为了防止感染，脐带脱落后如果没有长好，就不要把宝宝放到水中洗澡，只能擦洗，避免脐带进水。

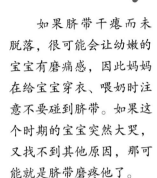

育儿一点诀

如果脐带干瘪而未脱落，很可能会让幼嫩的宝宝有磨痛感，因此妈妈在给宝宝穿衣、喂奶时注意不要碰到脐带。如果这个时期的宝宝突然大哭，又找不到其他原因，那可能就是脐带磨疼他了。

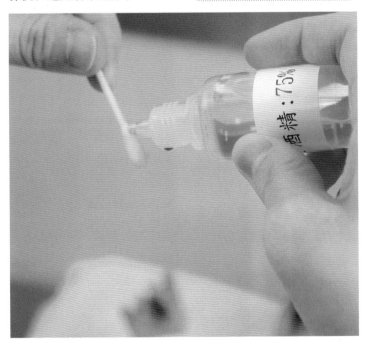

宝宝的成长测评

宝宝能力发展综述

视觉：刚出生时，宝宝的视力很弱，对周围事物几乎都是视而不见的，这种状况大约要持续到1周结束。此后视觉有较大的发展，不过仍然较弱，满月时宝宝视力范围大约为正前方3米，可视范围约为90度角，眼睛已经开始注意他能看到的事物，不过注意力维持时间较短，只有几秒。当有物体急速移动到宝宝眼前的时候，他会做出眨眼睛的反射动作。

听觉：刚出生时，宝宝的听觉灵敏度也不高，所以正在酣睡的宝宝只有听到很大的声音时，才会突然惊醒啼哭，不过听觉进步得较大，2周后听力可以集中而且会主动捕捉声音来源，已经能分辨出妈妈的声音，近旁约10~15厘米处的响声会引起孩子的警觉，头会转向声源。妈妈说话时，他能注视妈妈片刻，出现反射性微笑，会发出"咿咿""啊啊"的声音。

味觉：不过，宝宝的味觉发育比较完善，尤其喜欢甜味。另外，宝宝能分辨出不同的味道，并且喜欢自己熟悉的味道，如一直吃母乳的宝宝不喜欢吃奶粉，而一直吃奶粉的宝宝也很难接受母乳。

触觉：细心的妈妈可能已经发现，宝宝的触觉在出生不久后变得敏感。如果大人给宝宝用粗糙的衣服或尿布，他会烦躁不安，甚至哭闹。有物体碰触他的手心时他会抓住，这称之为握持反射。

运动：俯卧时能将下巴抬起片刻，头会转向一侧；睡醒后显得十分活跃，会慢慢地转动头部，伸胳膊，蹬腿，身体有些伸展运动，能蠕动身体。

情商：婴儿的各种动作表情、哭声变化和喃喃自语，微笑、手舞足蹈、皱眉眨眼、哭喊和惊吓等各种行为，往往能反映他的需求和感情。妈妈要多观察，探索和理解他，以适时满足他的心理需求。

宝宝潜能提升方案

＊大动作能力发展提升

1.宝宝抬头练习

游戏功效：可以促进宝宝颈部肌肉张力的发展。

操作方法：妈妈竖抱宝宝，使宝宝头部靠在肩上，然后不要扶住头部，让头部自然立直片刻。每日4~5次。

2.宝宝俯卧抬头练习

游戏功效：使宝宝扩大视野，智力得到开发。

操作方法：宝宝空腹时，将他放在妈妈或爸爸的胸腹前，自然俯卧，把双手放在宝宝脊部按摩，逗引宝宝抬头。

3.四肢运动

游戏功效：让宝宝感到舒适，并能使宝宝的皮肤得到良好的触觉刺激，促进宝宝的大脑发育。

操作方法：将宝宝置于铺好垫子的硬板床上，双手轻轻握住宝宝的手或脚，和着音节节拍做四肢运动。如果宝宝紧张、烦躁，可暂缓做操，改为皮肤按摩，使宝宝适应。

①

②

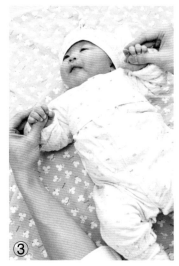

③

④

4.练习"走路"

游戏功效：可使宝宝提早学会走路，促进脑的成熟、智力发展。

操作方法：托住宝宝的腋下，用两大拇指控制好头部，让其光脚板接触硬的床面或桌面，宝宝会做出踏步的动作。

* 精细动作能力发展提升

1.手部动作

游戏功效：宝宝手掌的皮肤有丰富的触觉神经末梢感受器，手部动作可以使宝宝感受丰富多彩的外部世界。

操作方法：把宝宝平放在床上，让他自由挥动拳头，看自己的手，玩手，吸吮手，充分地去抓、握、拍、打、敲、叩、击打、挖……

2.手部按摩

游戏功效：当妈妈用手指(或细棒)接触宝宝的手掌时，他的小手能握住不放，可锻炼宝宝手部和手指的灵活性。

操作方法：轻轻地抚摩宝宝的双手，然后按摩手指，不断引起抓握反射，输入刺激信息。

* 语言能力发展提升

1. 和宝宝温柔对话

游戏功效：能够给宝宝一种温暖和安全的感觉。

操作方法：无论给宝宝做什么事，都要用柔和亲切的声音、富于变化的语调与宝宝讲话。比如宝宝哭时，妈妈要用温和亲切的语调哄他，如"哎呀，宝宝怎么了？别哭了，妈妈在这儿呢"。同时，要观察宝宝的反应。

在喂奶时，妈妈可以轻轻呼唤他的乳名，对他说："佳佳饿了，妈妈给你喂奶来了！"

2. 给宝宝念儿歌

游戏功效：儿歌容易刺激宝宝的大脑皮层，使宝宝记忆深刻。

操作方法：朗朗上口的儿歌会引起宝宝的兴趣。妈妈可以在宝宝一觉醒来的时候给宝宝念儿歌，比如：

小娃娃

小娃娃，嘴巴甜，喊爸爸，喊妈妈，喊得奶奶笑掉牙。

念儿歌时，妈妈要发挥想象力，根据儿歌意境做一些自然的动作。比如念"小娃娃"时，可以用两手向旁边捏住自己的两腮，扮作娃娃；念"喊爸爸"时，可以用手指着身旁的爸爸；念"喊妈妈"时，则可以指着自己；念"笑掉牙"时则可以夸张地咧开嘴来笑，让宝宝充分体会到快乐。

3.逗宝宝发笑

游戏功效：宝宝在快乐的情绪中，各感官(眼、耳、口、鼻、舌、身等)最灵敏，接受能力也最好。

操作方法：尽早逗宝宝笑，给宝宝创造模仿学习的条件。当宝宝第一次出现逗笑时，切记记录下日期，宝宝学会在大人逗乐时报以微笑，与自己在睡觉时脸部肌肉收缩的笑不同。

大人逗乐是一种外界刺激，宝宝以笑来回答，是宝宝学习的第一个条件反射。父母可以通过做出多种面部表情，如张嘴、伸舌、龇牙、鼓腮、微笑等，同时配合语言来逗引宝宝发笑。

4.学宝宝的哭声

游戏功效：这样可以引导宝宝发音。

操作方法：在宝宝啼哭之后，父母发出与宝宝哭声相同的声音。这时宝宝会试着再发声，几次回声对答，宝宝喜欢上这种游戏似的叫声，渐渐地宝宝学会了叫而不是哭。

5.赞扬宝宝的发音

游戏功效：积极的赞扬可以使宝宝觉得发音的行为是一种巨大的乐趣。

操作方法：如果宝宝无意中发出一个元音，继而出现另一个元音，无论是"噢"或"咿"，爸妈都应以肯定、赞扬的语气用回声给以巩固强化，并且应当记录。

*生活自理能力发展提升

把大小便

游戏功效：在满月前后宝宝就懂得识别把大小便了，训练他大小便可令宝宝养成良好的排便习惯。

游戏方法：宝宝出生15天起，妈妈就可以开始定时定点培养大小便的习惯。在便盆上方用"嗯"声表示大便或用"嘘"声表示小便。

*社交行为能力发展提升

1.追视

游戏功效：能够训练宝宝的注意力。

游戏方法：将物体在宝宝的视线里移动，宝宝能够追视；或者自己在宝宝视线范围内走动，同时对宝宝说话和微笑，宝宝的视线也会注视你，并追随你移动的方向。

2.熟悉环境

游戏功效：宝宝会对自己生活的这个环境感到熟悉。

游戏方法：宝宝出生15天后，妈妈每天可将宝宝竖抱片刻，使宝宝能看到房间内各种形态的物品，并向宝宝介绍这些物品以及周围的景物。

*适应能力发展提升

1.视力分辨与记忆

游戏功效：可以训练宝宝对事物的专注。

游戏方法：在宝宝卧位的上方，挂红色、绿色或能发出响声的玩具。触动这些玩具，能引起宝宝的兴趣，使他的视力集中到这些玩具上。每次几分钟，每日数次。边说话边逗笑以缓解疲劳，使这种视力分辨与记忆训练成为快乐的活动。

2.视听定向练习

游戏功效：可以促进宝宝视听识别和记忆的健康发展。

游戏方法：在距宝宝眼睛20~25厘米处，爸爸妈妈将彩色带响声的玩具边摇边缓慢地移动，宝宝的视线会随着玩具移动；和宝宝面对面，待宝宝看清你的脸之后，边呼喊宝宝的名字，边移动脸，宝宝会随着你的脸和声音移动。

宝宝的游戏时间

宝宝盘盘腿

锻炼宝宝协调能力
难易程度：★★★

＊游戏前的准备工作

将床铺收拾干净，铺上柔软的被子或者在地板上铺上垫子再覆盖一条柔软的大毛巾。

＊游戏技巧

握住宝宝同侧的脚踝和大腿，盘向另一条腿。不用担心，宝宝的小屁股和身体会跟着动，恢复到宝宝的初始姿势，换另一条腿向相反的方向重复做。

边做可以边和宝宝说话："两个小家伙，看看谁会盘，你会盘，我会盘，我们两个盘过来。"

＊游戏的好处

经常坚持四肢屈伸运动，可以使宝宝的肌肉、骨骼、关节、筋腱得到良好的锻炼。同时，宝宝的运动智能得到很好发展，有助于形成健康的体魄和积极向上、乐观的性格。

＊专家面对面

为了防止宝宝滚下床，床的四周要设立安全护栏。在宝宝活动的范围内，必须将宝宝可能放进嘴巴里的有害或危险的物品收好。

小音乐家摇摇铃

✳ 游戏前的准备工作

各式风铃和手摇铃，活泼欢快的音乐。

✳ 游戏技巧

室内悬挂各式风铃，妈妈抱起宝宝触碰风铃，使其发出清脆悦耳的声音，一边触碰一边对宝宝说："声音真好听！"

随后妈妈带着愉快的情绪拍手发出节奏，宝宝每碰一次铃，妈妈就拍一次手来强化节奏；当宝宝够取到摇铃后，妈妈可以做示范，然后让宝宝模仿动作，并跟着音乐晃动手中的摇铃。

✳ 游戏的好处

培养宝宝双手的协调能力和节奏感。

✳ 专家面对面

妈妈可在家中经常给宝宝听些活泼欢快的音乐并和着音乐打拍子，给宝宝拨浪鼓、铃鼓等带响声的玩具，久而久之，宝宝一听到音乐就会转动手腕。

让新生宝宝进行游泳体验

只要是足月正常分娩的剖宫产儿、顺产儿，体验游泳都是有诸多好处的。宝宝出生前就是生活在水的世界里，出生后如果能再回到水里，不但会感觉安全、愉悦，而且身体的成长和感官的发育都会因此而受益：

1 游泳可以帮助新生宝宝尽早排出胎便和消退生理性黄疸。

2 可以锻炼新生儿的心肌，心跳会比同龄婴幼儿有力。

3 在游泳的过程中也会提高大脑的功能，锻炼了手脚协调性，智力发育好。

4 呼吸系统功能也能得到提高，表现为肺活量大，憋气时间长。

5 运动后的婴幼儿，胃口好，有助于建立睡眠节律，提高婴幼儿对外部环境的反应能力。一旦学会游泳，还有助于防止婴幼儿溺水。

因此，妈妈可以创造条件让新生宝宝体验游泳，宝宝一般刚出生就可以在专业人士的护理下去游泳了。游泳时，妈妈要充分注意宝宝的安全：

1 宝宝脐带如果还没有脱落，游泳前要把宝宝的肚脐用防水贴贴住，等宝宝游完后，再把防水贴取下，并对脐部进行消毒处理。

2 选择适合宝宝颈围的游泳圈，防止游泳圈过大或过小，以宝宝套上游泳圈后，脖子与游泳圈之间仍可以插入两指为好。给宝宝套上游泳圈后，缓缓地把宝宝放入水中。

3 水温要接近宝宝的体温，最好在36℃~38℃之间，室温在25℃~28℃之间。

4 宝宝游泳最好不要超过10分钟，要不然宝宝会感觉劳累。两次游泳时间间隔最好在2天以上。

5 游完后，要及时地用毛巾或被子把宝宝包住保暖，以防感冒，等宝宝身体彻底干后，再穿上衣服。

6 要注意，属于早产儿、低体重儿的新生儿不宜游泳，有皮肤破损或有感染的新生儿也不宜游泳。

婆媳
育儿过招

新生儿不需要洗澡还是需要洗澡

* 婆婆有话说：不洗澡有理

宝宝不脏，没必要洗澡，而且孩子身体太软，天天洗都把宝宝给洗坏了，一个不小心就会弄伤了，这要是洗感冒了孩子受的罪就更大了，从医院回家后还是不要洗澡了。

VS

* 媳妇有话说：洗澡有理

宝宝皮肤柔嫩，防御能力差，新陈代谢旺盛，要是不经常洗澡，汗液及其他排泄物蓄积会刺激皮肤，容易发生皮肤感染，再说给宝宝洗澡时，水中活动是能增强他的大脑发育的啊。

育儿一点诀

给宝宝洗澡不能不分时间地点和特定的情况。如果一味每天洗澡也是不好的，在有些时候，宝宝反而是不能洗澡的，比如打过预防针后，有发热现象时，皮肤有破损时，此外刚喂完奶也是不适合洗澡的。

* 专家面对面：

新生儿出生后第二天即可洗澡，有条件的最好每天或隔天洗一次澡，不用每天都用浴液，用清水洗就好。如果冬天室温太低，可适当减少洗澡次数，每周1~2次，也可以将宝宝送到医院或专业的宝宝店去洗。

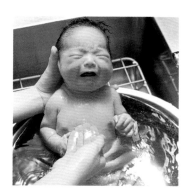

Part 2

养育1~2个月宝宝

身体发育标准

	女宝宝	男宝宝
身高	53.1~61.1厘米，平均57.1厘米	54.4~62.4厘米，平均58.4厘米
体重	4.5~6.6千克，平均5.1千克	4.9~7.1千克，平均5.6千克
头围	37.6~40厘米，平均38.0厘米	38.4~41厘米，平均38.8厘米

宝宝的生长发育

在这个月内，宝宝将以他出生后第一周的生长速度继续生长，体重将增加0.7~0.9千克，身长将增加2.5~4厘米，头围将增加1.25厘米，这些都是平均值。

＊ 宝宝的性格

宝宝在生命的最早期就会有自己独特的个性特征，他是活跃、紧张还是相对沉稳？面对新环境胆怯还是喜欢？这些都已经有所体现。

在宝宝做的每一件事中都包含有其性格特征。妈妈应该注意这些信号并做出相应的反应，从宝宝出生早期就应该按照他们的不同性格采用不同的养育方式。

＊ 为什么宝宝体重增长会变快、变慢

体重增长过快的原因：

1.哺乳妈妈的饮食太丰盛，油脂太多。

2.宝宝缺乏运动。

3.人工喂养和混合喂养的宝宝过早地开始添加半固体、固体食物。

4.过度喂养，一哭就喂。

体重增长过慢的原因：

1.宝宝胃口太小，吃奶费劲儿。

2.吐奶比较严重。

3.宝宝因疾病影响而导致体重增长变慢。

当宝宝体重增长不在正常的范围内时，妈妈可以先找找原因，对症调整，如果找不出更多的原因，或因疾病引起，应及时咨询医生。

宝宝的营养

这个时期的宝宝所需营养

1 这个阶段的小宝宝消化吸收能力更强，宝宝的最佳食品仍是母乳。

2 采取纯母乳喂养的妈妈在出生半个月时还不会有太多的母乳，到这个时期，已经逐渐增多。母乳量充足与否直接影响宝宝的生长发育。为了增加泌乳量，妈妈要注意自身的营养，生活要有规律。

3 如果母乳不足，采取配方奶哺喂的妈妈要注意，用配方奶喂养宝宝的时候，奶粉的配置以不太浓为佳，所用奶粉量以不超过奶粉包装盒上的说明为宜。

4 新生的宝宝，特别是冬季出生的宝宝，比较容易缺乏维生素D，为尽早预防佝偻病，同时适量补充维生素A，这个阶段就可以开始给宝宝添加鱼肝油，每天1次给宝宝适量喂食。

5 母乳喂养的宝宝可以不需要添加辅助食物。人工喂养的宝宝在保证每3小时1次，每次喂60~150毫升动物奶的前提下，在白天两次喂奶中间适量添加温开水，每次30毫升即可。

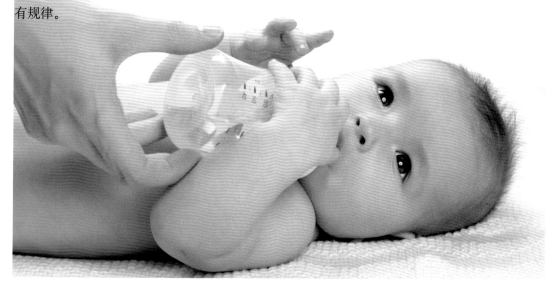

宝宝吃母乳总拉稀是怎么回事

有些宝宝生后没几天就开始每天多次排出稀薄大便，呈黄色或黄绿色，每天少则2~3次，多则6~7次，这让妈妈很是着急担心。但是宝宝一直食欲很好，体重满意。那么这是怎么回事呢？会不会影响宝宝健康呢？

上面提到的这种现象在医学上称为"宝宝生理性腹泻"，属正常现象，那是因为宝宝刚出生，胃肠功能还不是很好，妈妈的奶水营养成分太高，无法都吸收，所以才拉稀。只要宝宝状态良好，妈妈大可放心。这种宝宝尽管有些拉稀，但身体所吸收的营养仍然很好，甚至超过一般宝宝。

不过，也有宝宝拉稀是因为妈妈吃了不适合的食物，如：性质过于寒凉的食物、太过油腻的食物或吃了不洁的食物。如果妈妈有类似的情况要及时改善。

对于生理性腹泻的宝宝，不需要任何治疗，不必断奶，一般在出生后几个月到半年的时候，也就是宝宝能吃辅食时，这种现象会缓解或消失，在此期间注意加强日常护理即可。因生理性腹泻多见于面部湿疹（奶癣）比较严重的宝宝，唯一问题是大便次数较多，所以，妈妈要及时给宝宝换尿布和清洗臀部，并用消毒油膏涂抹，以保护局部皮肤，以免引起红臀，甚至局部感染。

另外，父母在发现宝宝出现生理性腹泻时，要注意与其他腹泻的区别，仔细观察宝宝的大便性状，精神状况，尿量、体重增长情况，最好去医院确诊一下。

育儿一点诀

每个宝宝的对食物的敏感度不一样，母乳喂养的宝宝一旦腹泻，首先要从妈妈的饮食上检查并调整。

宝宝的护理

怎样给宝宝选择衣服

宝宝出生1个月后，体重和身高的增长都会有显著的变化，新生儿穿的和尚服不太能满足宝宝的需要，因此需要给宝宝准备合身的衣服了。

而这个时期的宝宝肌肤柔嫩娇弱，准备衣服的重点，就必须以材质、保暖功能、安全因素为首要考虑，并根据季节以及服装特性来为宝宝选择合适的衣服。

*宝宝适合的衣服款型和尺寸

1 夏天：纱布衣、棉质内衣、肩开连身衣、蝴蝶装。纱布衣或棉质内衣为必备的衣着，肩开连身衣、蝴蝶装则可作为宝宝夏天的外衣。

2 冬天：在内衣之外加长袍、连身裤装保暖。

3 内衣尺寸：如纱布衣、棉质内衣应选择合身的尺寸才能达到保暖作用。

4 外衣尺寸：长袍、连身裤装可选择较大的尺寸，比内衣长10厘米左右，上衣最好选较长的，要盖过肚脐，这样可以防止宝宝肚脐受凉。

*其他需要注意的细节

1 纯棉材质：不含荧光剂、甲醛成分，透气吸水性佳，不伤宝宝肌肤。此外，纯棉的衣服手感柔软、保暖透气性好，且刺激性小，可以给宝宝较好的呵护。

2 袖口反折设计：可以代替手套，防止宝宝抓伤脸。

3 隐藏式安全纽扣、绑带式设计：避免形成压疮，以及避免因扣子掉落而造成宝宝误食的危险。

4 无拉链设计：避免拉拉链时弄伤宝宝皮肤。

5 标签外露设计：避免标签的尖角造成宝宝不舒服。

6 长袍取代裤子：方便给宝宝更换尿布，减少穿脱衣服的次数。

7 颜色以浅色为主，如乳白、浅粉等，浅色衣物不易掉色，对宝宝皮肤的影响较小。

育儿一点诀

宝宝衣服买回后应先清洗，清洗宝宝衣服只要用中性的肥皂即可，洗好后用开水烫一下，阴干后放到阳光下晒晒杀菌即可（直接暴晒容易使衣服变得干硬），不必用消毒液，存放时也不要放樟脑丸。

怎样给宝宝穿脱衣服

宝宝的身体很柔软，四肢还大多是屈曲状，所以妈妈给宝宝穿衣服时可能会遇到困难，不过掌握要点后，给宝宝穿脱衣服其实并不难。

* 给宝宝穿衣服的方法

1 在给宝宝穿衣服时，可先给宝宝一些预先的信号，先抚摸他的皮肤，和他轻轻地说话，如告诉他："宝宝。我们来穿上衣服，好不好！"使他心情愉快，身体放松。

2 把宝宝放在一个平面上，确信尿布是干净的，如有必要，应更换尿布。

3 穿汗衫时先把衣服弄成一圈并用两拇指在衣服的颈部拉撑一下。把它套过宝宝的头，同时要把宝宝的头稍微抬起。把右衣袖口弄宽并轻轻地把宝宝的手臂穿过去；另一侧也这样做。

4 穿纽扣连衣裤先把连衣裤纽扣展开，平放备穿用。抱起宝宝放在连衣裤上面。把右袖弄成圈形，通过宝宝的拳头，把他的手臂带出来。当妈妈这样做的时候，把袖子提直；另一侧做法相同。

5 把宝宝的右腿放进连衣裤底部；另一腿做法相同。

* 给宝宝脱衣服的方法

1 把宝宝放在一个平面上，从正面解开连衣裤套装。

2 因为妈妈可能要换尿布，先轻轻地把双腿拉出来。必要时换尿布。

3 把宝宝的双腿提起，把连衣裤往上推向背部到他的双肩。

4 轻轻地把宝宝的右手拉出来；另一侧做法相同。

5 如果宝宝穿着汗衫，把它向着头部卷起，握着他的肘部，把袖口弄成圈形，然后轻轻地把手臂拉出来。把汗衫的领口张开，小心地通过宝宝的头，以免擦伤他的脸。

育儿一点诀

不管是穿还是脱，妈妈的手法都要轻柔。平时要勤剪指甲，及时磨平，避免在照顾宝宝时划伤宝宝。

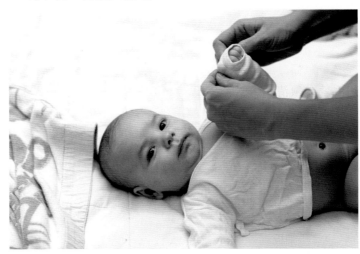

怎样给宝宝清洁身体

* 眼睛

宝宝眼睛的清洁：妈妈动作要轻柔，将棉花棒尖端沿着宝宝的下眼线，由内而外画一个弧线，避免来回重复擦拭。

宝宝在出生2~3个月时，内眼角每天都会有眼屎分泌出来，这是因为睫毛的生长刺激形成的。妈妈只要为宝宝清理干净即可，一般到宝宝长到1岁时，这种现象就会消失。

宝宝眼屎的清理：用干净的毛巾沾着温水为宝宝擦拭——用毛巾一角包住食指，由内往外轻轻擦拭宝宝的眼角，然后换另一个角再擦拭一遍，直到干净。切忌用一个毛巾角反复擦拭多遍，这样容易感染宝宝眼睛。

注意：如果宝宝的眼屎特别多，多得几乎使宝宝睁不开眼，有可能是宝宝感染了结膜炎、红眼病或鼻泪管堵塞等疾病，妈妈要及时带宝宝去医院看医生。另外，当宝宝上火时，眼屎也会增多，妈妈要适当为宝宝降火。

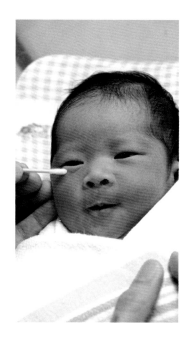

* 鼻子

鼻屎太多会阻碍宝宝呼吸，发现宝宝的鼻腔内有很多鼻屎而导致呼吸不顺畅时，就必须清理，方法是用棉花棒轻轻由外而内转一圈进行清洁。

当鼻屎太多，用棉花棒不好清理时，妈妈可以按下面的方法清理：

1 准备吸鼻器、小毛巾、小脸盆、细棉棍等用具。

2 将小脸盆里倒好温水，把小毛巾浸湿、拧干，放在鼻腔局部热湿敷。也可用细棉棒沾少许温水(甩掉水滴，以防宝宝吸入)，轻轻湿润鼻腔外1/3处，注意不要太深，避免引起宝宝不适。

3 使用吸鼻器时，妈妈先用手捏住吸鼻器的皮球将软囊内的空气排出，捏住不松手。一只手轻轻固定宝宝的头部，另一只手将吸鼻器轻轻放入宝宝鼻腔里。

4 松开软囊将脏东西吸出，反复几次直到吸净为止。

如果没有准备吸鼻器，妈妈可以在宝宝鼻孔内滴入少量凉开水或生理盐水，待污垢软化后再轻轻捏一捏宝宝的鼻孔外面，鼻屎有可能会脱落，或诱发宝宝打喷嚏将其清除。

无论是使用棉棒还是吸鼻器，都要轻轻固定好宝宝的头部，避免突然摆动。

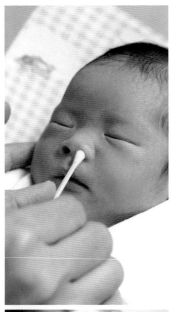

＊指甲

宝宝指甲长得特别快，大概每天都会长长0.1毫米。如果不及时剪短，很容易成为藏污纳垢的地方，影响宝宝健康，或者在宝宝舞动小手的时候抓伤自己，所以妈妈最好每周都给宝宝剪1~2次指甲。

给宝宝剪指甲的时候，需要特别小心，以免伤到宝宝，要使用宝宝专用的指甲剪。在宝宝睡着时给他修剪，尽量把宝宝的指甲修剪成圆弧形，剪完之后，用指腹摸一下是否光滑。如果不光滑，要继续磨至光滑为止，要避免剪得太深。

如果在修剪中，不慎伤了宝宝，要及时止血消毒，用消毒纱布或棉球按压伤口，止血以后，再用碘酒消毒即可。

＊耳朵

一般来说，宝宝的耳道不需要清理。即使清理，也只能用棉棒或纱布轻轻擦拭耳廓，如果觉得耳屎实在比较多，形成团状堵住耳朵，妈妈可以带宝宝到医院请医生清理，最好不要自行处理，以免造成意外伤害。

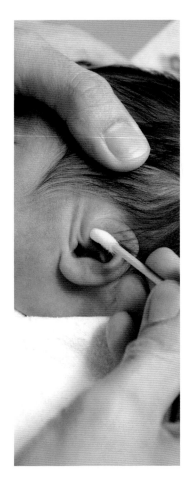

宝宝用爽身粉有什么需要注意的

洗完澡后给宝宝在身上用些爽身粉，可使宝宝身体滑腻清爽，十分舒适，但如果爽身粉长期使用不当，会影响宝宝的健康。

正确使用爽身粉的方法为：

1 勿使爽身粉乱飞，涂抹爽身粉时，先在远离婴儿处将粉倒在手上或粉扑上(避免在风道处)，再小心涂抹（用粉扑或纱布包上棉花）在婴儿身上，尤其扑撒重点部位，如臀部、腋下、腿窝、颈下等。

2 使用时应轻轻扑撒，扑粉时需将皱褶处拉开扑撒，每次用量不宜过多，要均匀。

3 尽量避免经常全身大量使用爽身粉，防止将粉扑在眼、耳、口中。

4 不要与成人用的混同。婴儿使用的爽身粉（夏季可用痱子粉）不要与成人用的混同，宜选购专供儿童使用的爽身粉。

5 女宝宝最好不要将爽身粉扑在大腿内侧、外阴部、下腹部等处，以免粉尘通过外阴进入阴道深处，影响宝宝健康。

6 在爽身粉使用后应该将盒盖盖紧并妥善收好，不要让宝宝当成玩具。也要避免在较大宝宝面前为小宝宝敷用爽身粉，以免他们模仿。

7 当宝宝有皮肤炎或尿布疹时，不要使用爽身粉，容易流汗或流口水的宝宝，不要将爽身粉扑在颈部、手脚关节处等皮肤皱褶处。

育儿一点诀

天气炎热时，许多妈妈发现宝宝流汗就为宝宝扑爽身粉，这是不正确的，爽身粉与汗水混合不仅起不到爽身作用，还会让宝宝不舒服。洗完澡扑爽身粉也应先擦干身体，待宝宝玩一会儿再扑。

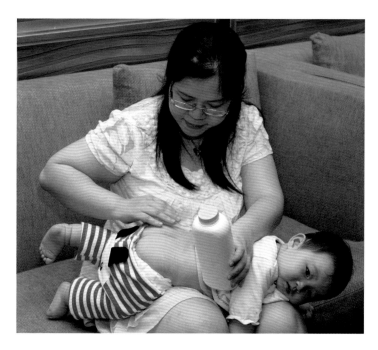

怎么训练宝宝的排便习惯

训练宝宝的排便习惯是提升宝宝生活自理能力的一个重要方面。从宝宝2个月开始，妈妈就可以有意识地训练宝宝定时大小便了，为培养宝宝良好的生活习惯做准备。

* 怎样训练宝宝的小便习惯

开始训练时，可在宝宝睡前、醒后，吃奶前，以及外出前和回来后立即把大小便；宝宝醒着时，注意观察宝宝小便前的表情或反应。比如是否出现哼哼声、左右摆动、发抖、皱眉、哭闹、烦躁不安、放气、不专心吃奶等表现，若多次排小便都出现类似的表现，当下一次发现时，妈妈应及时为他把尿。

宝宝小便有一定规律，细心的妈妈可能已经发现了：

1 一般白天把尿的次数可多些，夜间次数少些。

2 不能过于频繁地把尿，这样会减低膀胱的充盈程度，使宝宝有一点大小便就要排出来，日后会很麻烦。

3 要多注意在给宝宝把尿时是否真的有便意。如果没有，就过一会儿再试，不要过于自信或为节省一块尿布，而使宝宝长时间处于把尿的姿势，这会使宝宝产生排斥情绪。

* 怎样训练宝宝的大便习惯

大便习惯的培养较小便习惯要容易一些，尤其在宝宝4个月添加辅食后，那时的大便次数会明显减少，一般每天1~2次。

开始培养大便习惯时，可在吃奶前、后各大便一次，或在睡前、醒后各把大便一次。

妈妈在生活中要注意观察，逐渐摸清宝宝大便的规律和时间，然后在他有需求时及时把便。一段时间后，最好能在固定的时间把大小便，逐渐养成习惯。

育儿一点诀

给宝宝把大小便可以建立条件反射，一般发出"嘘嘘"的声音可诱导宝宝排尿行为，"嗯嗯"的声音可诱导排便行为。另外，在发现宝宝有排便需求时，一定要及时满足，否则宝宝不耐烦了就会直接拉在裤子里，十分不利于排便习惯的养成。

宝宝的成长测评

宝宝能力发展综述

肢体运动：宝宝长到2个月时，四肢都可以有较大幅度的动作，并且在处于俯卧位时，头能抬起来坚持30秒左右，直着抱时头能短暂竖起，脚也可以在俯卧时踢腾几下。另外，此时宝宝的手不会常常地握着拳头了，有时候会突然张开，然后再握住，还会吮吸手指。

语言能力：出生2个月的宝宝，可以发出几种元音，经常在高兴的时候，躺在床上，嗯嗯啊啊哦哦地自娱自乐，跟他说话时，他会摆动脑袋。此时，宝宝的哭声中蕴含的情感更加丰富，可以表达出委屈、生气和孤独等。

视觉、听觉：出生2个月的宝宝，能分辨不同的颜色，但是对颜色深浅还没有感觉，粉红和鲜红在他眼里是没有区别的。另外，此时的宝宝会经常注视妈妈的脸，不过维持时间也还不长。

宝宝此时的听觉特别敏锐，所有声音都能引起他的关注，对环境更为警觉，有更多、更明显的应答，会四下观看，他甚至能听出另外房间的妈妈的声音。

嗅觉、味觉：2个月的宝宝，嗅觉和味觉也已经比较发达，能分辨酸、甜、苦、辣、咸，能区别香、臭等，对于他不喜欢的味道，会用皱眉或啼哭来表示厌恶，对难闻的气味会扭开头主动回避。

情商：这个阶段，宝宝脸上会出现愤怒、高兴、紧张等表情。如果要求得不到满足，就会皱起眉头，开始啼哭；高兴时，会对着面前的人微笑；紧张时，眼睛就会不断地眨动。

令人惊讶的是：宝宝已经懂得了谈话的方式，当妈妈用抚慰的口气说话时，他显得很安静；假如语气粗暴或过于大声、严厉，他就会显得不安。

宝宝潜能提升方案

1. 抬头

游戏功效：能开阔视野，丰富视觉信息，增强颈部张力。

操作方法：即竖抱抬头、俯腹抬头和俯卧抬头。经过训练，宝宝不但抬起脸部观看前面响着的哗铃棒，而且下巴也能暂时离床，双肩也抬起来。

2. 转头练习

游戏功效：能够训练宝宝的颈部张力以及感知能力。

操作方法：将宝宝背靠妈妈胸腹部，面冲前方，爸爸在妈妈背后时而向左、时而向右伸头呼唤宝宝的名字、和他说话或摇动带响玩具，逗引宝宝左右转头。

3. 爬行练习

游戏功效：能促进宝宝大脑感觉统合的健康发展。同时，也是开发智力潜能，激发快乐情绪的重要方法。

操作方法：在俯卧练习抬头的同时，可用手抵住宝宝的足底。虽然此时他的头和四肢尚不能离开床面，但宝宝会用全身力量向前方蹿行。

1. 宝宝被动抓握

游戏功效：经常抚摩宝宝双手，能促进抓握反射。

操作方法：将哗铃棒的小棒放入宝宝的手心，宝宝会马上抓住小棒，大人用手握住宝宝的小手，帮助他坚持握紧的动作，也可以让宝宝学习抓住父母的手指。

2. 宝宝主动抓握

游戏功效：可以促进宝宝手部感知觉的发育。

操作方法：把质地不同的旧手套洗净，塞入泡沫塑料中，用松紧带吊在宝宝床上方其小手能够得着处，父母帮助宝宝够握吊起的手套。抓握毛线、橡皮或皮手套，还可让宝宝触摸不同质地的玩具。

3. 看小手

游戏功效：能促进宝宝的心理发展。

操作方法：2个月的宝宝特别喜欢玩耍、吸吮自己的手，可以给宝宝在手上拴块红布，戴个哗啦作响的手镯等。

4. 坚持"行走"练习

游戏功效：如果每天坚持练习2~3次，每次走10步左右，这种本领就会一直坚持。经过每天的强化练习，宝宝在10个月前后就能独立行走。早期站立行走，视野比躺着扩大，认知能力大大加强、加快。

操作方法：托住宝宝的腋下，用两大拇指控制好头部，让其光脚板接触硬的床面或桌面，宝宝会做出踏步的动作。

注意："行走"练习对早产宝宝、佝偻病患儿不宜。

1. 模仿面部动作

游戏功效：通过训练，宝宝会逐渐学会模仿面部动作或微笑。

操作方法：在宝宝情绪很好、很稳定的时候搂抱他，并在他面前经常张口、吐舌或做多种表情。

2. 引逗发音发笑

游戏功效：促进宝宝发音器官的协调发展，让宝宝尽快地发音。

操作方法：用亲切温柔的声音，面对着宝宝，使他能看得见口型，试着对他发单个韵母a（啊）、o（喔）、e（鹅）、u（呜）的音。

在宝宝精神愉快的状态下，拿一些带响、能动、鲜红色的玩具，边摇晃边逗他玩，或与他说话，或摸他的手、胳肢胸脯，他将报以愉快的应答——微笑。

1. 追视

游戏功效：能够加强宝宝的追视能力。

操作方法：继续按1个月时那样训练，当宝宝视力集中时，可将人或物距离变远；也可把宝宝抱起，让他观察眼前出现的人或物，待视力集中后，缓慢地移动人或物，让其追视。

2. 嗅觉训练

游戏功效：可以培养宝宝的嗅觉敏感度。

操作方法：拿带气味的东西，比如柠檬、花等，让宝宝闻一闻。

3. 味觉训练

游戏功效：让宝宝对酸、甜、苦、辣、咸有感知觉辨别能力。

操作方法：抱宝宝到餐桌旁看大人吃饭，闻闻饭菜香味，用干净的筷子头蘸点菜汁，让宝宝尝尝各种菜汁的味道。

4. 注视

游戏功效：能够让宝宝的视线更集中。

操作方法：宝宝喜欢看彩色的图画，当看到喜欢的图画时会笑，挥动着双手想去摸；看到不熟悉的图画时，会因为新奇而长久注视。

把宝宝所表示的偏爱记录下来，作为日后进一步培养的参考。

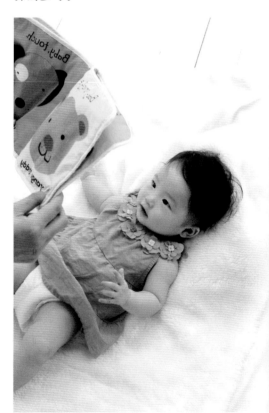

1. 水浴、空气浴、阳光浴

游戏功效：不仅能清洁皮肤、预防感冒，更重要的是这些都是对宝宝良好的触觉训练。

操作方法：水浴是宝宝天生就喜欢的运动，洗澡时可以对宝宝进行皮肤按摩、给宝宝擦身；天气好的时候，一定要抱宝宝出外接受微风吹拂、阳光沐浴。

2. 学会笑

游戏功效：经常快乐的宝宝招人爱，也能合群，是具有良好性格的开端。

操作方法：在宝宝面前走过时，要轻轻地抚摩或亲吻宝宝的鼻子或脸蛋，并笑着对他说"宝宝笑一个"，也可用语言或带响的玩具引逗宝宝，或轻轻挠他的肚皮，引起他挥手蹬脚，甚至咿咿呀呀发声，或发出"咯咯"的笑声。

宝宝的游戏时间

* 游戏前的准备工作

宝宝睡觉醒来时，让他舒适地平躺在妈妈的身上。

* 游戏技巧

妈妈举起宝宝的两只手，在其视线正前方晃动几下，引起宝宝对手的注意。

一边念儿歌，一边轻轻拍动、摆动宝宝的小手，让宝宝的视线追随手的运动。

儿歌："小手小手拍拍，小手小手摇摇，小手小手摆摆，小手小手跑得快"（念到"跑得快"时，以稍快的速度将宝宝的双手平放到身体两侧）。

* 游戏的好处

手的发展和心智的发展是互相促进的，手在锻炼过程中不仅能促进小肌肉和运动智能的发展，也能促进人的整体智慧的发展。

同时这种游戏还能控制宝宝情感能力。爸爸、妈妈如何触摸、对待和培养宝宝，对其长成什么样的人会产生极深的影响。宝宝控制情感的能力是由其早期的经历和对成人的依恋所决定的。

* 专家面对面

妈妈的服装要柔软，最好不要有扣子，以免划伤宝宝或给宝宝造成不适。

另外，玩游戏的时间不要长，宝宝开心、舒适的前提下，重复2~3次即可。如果宝宝有烦躁或不舒服的表示，应该及时调整或终止游戏。

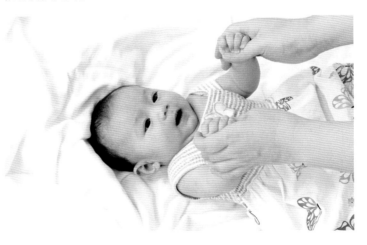

抬腿踢球

＊游戏前的准备工作

准备充气的塑料彩球1个（其他类似的充气玩具亦可）。

＊游戏技巧

用结实的线把彩球挂在宝宝的床上方，让宝宝抬起脚刚刚能够碰到，轻轻地抓住宝宝的一只小脚丫，抬起来，踢一下彩球，对宝宝说："小淘气，踢球球，球球撞到脚丫上。"

可以指引宝宝左右脚轮流踢，也可以抓住宝宝的两只脚同时踢，宝宝踢到球后，妈妈要亲亲宝宝的小脚，给宝宝鼓励。

＊游戏的好处

0~1岁是宝宝运动发育的敏感期，腿部肌肉、骨骼的健康发展，为宝宝日后活动范围的扩大奠定了良好的基础。

给宝宝创造安全舒适的生理和心理环境，让宝宝能够感觉到自己的家是温暖的充满爱的，这样宝宝就会学着接受爱，付出自己的爱，形成善良、热情、开朗的好品格。

皮球游戏在宝宝成长的过程中是非常重要的一项内容。无论是踢球、追球还是拍球，对宝宝的运动能力和左右脑的发育都起着重要作用。

＊专家面对面

球不要太大，颜色要鲜艳，最好是单色；球晃动的幅度要控制好，以免宝宝的视线跟不上，从而影响宝宝的积极性。游戏中，妈妈要多和宝宝进行目光交流，语气要活泼，动作要轻柔。

爸爸也可以参与进来举起宝宝的小手去拍球，左右手轮流拍，让宝宝从爸爸的气质、情感、智力等方面受到潜移默化的影响，为自身的心理与智力发育补充养分。

80后妈妈育儿经

让老公快乐地参与到育儿中来

以往，生育宝宝都是女人在操持，爸爸们在宝宝还小的时候基本没被派上用场，思想独立的80后新妈妈们为此肯定会愤愤不平吧？

事实上，养育宝宝上，爸爸也是不可缺席的大角色，他们的重要性是不可替代的，因为男性在育儿方面，有着女性不可比拟的优势。

*老公带宝宝不可替代的优势

1 男性更倾向于凭直觉来照顾宝宝

按理说，女性的直觉超过男性，然而母爱太浓烈有时反而成为育婴的干扰因素。妈妈常常因为一个问题众说纷纭而拿不定主意，而爸爸却很少为他人观点左右，他们认为令宝宝更舒服的方式就是好的，而且，大多数情况下这种判断都是对的。

2 男性更在意培养宝宝的独立性

如果宝宝能用双手乃至双脚"抱持"奶瓶，爸爸就不会帮他拿着奶瓶；如果宝宝愿意翻身，爸爸就不会随便帮上一把；宝宝再大一点，把辅食糊得一脸一身时，爸爸也会鼓励他自己拿勺子，而常常对这种"麻烦的喜剧效果"视而不见。

3 男性更能在看护宝宝和自身生活间找到平衡

女性容易太紧张宝宝的一颦一笑，对宝宝往往寸步不离，但容易把"唯恐出错"的焦虑心理传染给宝宝，让宝宝变得情绪不稳。

而爸爸往往一面守着宝宝，一面上网或看报，给宝宝更多"自得其乐"的空间。

现实生活中，爸爸带大的宝宝往往个性坚毅，有主见，有股不服输的精神。这与纯粹由妈妈呵护长大的宝宝完全不同，因此，妈妈们别让老公置身育儿事外，而应该保持他龙头老大的育儿地位。

为了让老公无负担地参与到育儿中来，妈妈需要做一些努力，我们建议妈妈尽量做到以下几方面：

1 建立"三人世界"的观念

妈妈容易固守于自己与宝宝的两人世界，忘了其实自己身处"三人世界"，这对新妈妈的身心健康其实并不好，把老公排斥在育儿程序之外会使自己更劳累，同时也让老公对你和宝宝之间的亲密产生嫉妒。

因此，不管是从稳固夫妻情感，还是从稳固家庭"铁三角"格局的角度看，你都有必要分出一部分注意力给自己的老公。你应该意识到，把自己的爱24小时投注宝宝身上，不仅容易养成宝宝极端自我中心的性格，

对老公也不公平，这与情感上的喜新厌旧无异。

2 让老公加入"铁三角"

帮助老公克服嫉妒并减轻自己的劳动量的方式很简单：让他加入"铁三角"，学着负担起育婴责任。别忙着责怪老公"粗心大意""笨手笨脚"，新爸爸成长为"真正的父亲"需要学习、犯错误、改正错误，在这其中，你的赏识和鼓励十分重要。

你要学会换位思考，同时，也要学会倾听来自老公的育儿建议——从根本上说，男性的育儿方式与女性不同，各有专长和优势。由父母一同带大的宝宝，情绪更稳定，更不容易焦虑不安，作息也更规律。

3 与老公之间要和谐

妈妈也许认为这么小的宝宝感应不到父母之间的和谐或矛盾。事实上，他完全可能感应到，父母的爱，对宝宝是最重要的。父母心平气和地讨论和解决育儿问题，会令宝宝的未来生活更富安定感和安全感。

婆媳育儿过招

给宝宝刮眉还是不刮眉

* 婆婆有话说：刮眉有理

　　孩子到了满月以后，不管男孩还是女孩，都应该让剃头师傅给刮掉眉毛，这样今后的眉毛就能长得更好看更清秀，又黑又浓密，这是习俗。

* 媳妇有话说：不刮眉有理

　　宝宝皮肤娇嫩，又那么小，还不知道怎么配合大人，刮眉危险性太大了，万一受伤还不如不刮的好呢。

育儿一点诀

　　如果实在难以抗拒习俗，认为对孩子将来眉毛有好处，可以用剪的方式代替剃和刮的方式。不过一定要小心地剪，我们建议你等宝宝头发或眉毛长一点再剪，尽量避免造成意外伤害。

* 专家面对面：

　　给满月婴儿刮眉是不科学的，事实上，宝宝的眉毛在3～6个月时会自然脱落，长出新眉，而且宝宝毛发的状况与遗传因素及妈妈孕期的营养有关，与剃不剃无关。

　　此外，刮眉难免刮出外伤，引起感染，这样一来可能导致眉毛无法再生，而眉毛对眼睛是一种保护防线，没了眉毛可能引发眼部疾病。

给宝宝挤乳头还是不能挤

* 婆婆有话说：挤乳头有理

要给宝宝挤乳头，不然长大后，遇到阴雨天就痒或痛，孙女更要挤，不然长大后，乳头会内陷。

VS

* 媳妇有话说：不能挤

书上说不用挤，网上的资料也没说要给宝宝挤啊，宝宝这么小，皮肤那么嫩，怎么经得住这么挤呢。

如果实在想校正宝宝乳头内陷的情况，可每天轻轻（注意力度一定要轻柔）将宝宝的小乳头向外提拉1~2次（不要一直提拉），一般轻度的内陷可以很快恢复，如果发现宝宝的乳房有局部疼痛、红肿现象应及时就诊。

* 专家面对面：

给新生儿挤乳头的做法是绝对错误的，非但不能解决乳头内陷的问题，反而可造成乳头破损，带进细菌使乳头红胀发炎，严重的甚至会造成乳腺发炎，使部分乳腺管堵塞或形成瘢痕，影响成年后的泌乳功能。

宝宝的乳房肿胀，或有乳汁流出，都是新生宝宝的正常生理现象，一般在出生2周后就会自行消失；而宝宝乳头内陷，大多数是由于乳头周围的组织没发育完善所致，一般随着生长发育会自然恢复正常。

所以，无论宝宝乳头内陷还是乳房肿胀，建议最好不要去挤压。

Part 3

养育2~3个月宝宝

身体发育标准

	女宝宝	男宝宝
身高	55.6~64.0厘米，平均59.8厘米	57.3~65.5厘米，平均61.4厘米
体重	5.2~7.5千克，平均5.8千克	5.7~8.0千克，平均6.4千克
头围	38.9~41.5米，平均40.2厘米	39.8~42.8厘米，平均41.2厘米

宝宝的
生长发育

这个时期是宝宝体格发育最快的时候，体重每月增长约1千克，身高每月增长约4厘米，头围将增加约1.25厘米。

3个月时，宝宝头上的囟门仍然开放而扁平，看起来有点圆胖，但当他更加主动地利用手和脚时，肌肉就开始发育，脂肪将消失。

满3个月时，宝宝身长较初生时增长约1/4，体重已比初生时将增加1倍。

宝宝的营养

宝宝哺喂要点

1 这个阶段继续提倡母乳喂养。如果母乳量足，仍然坚持不必添加其他配方奶。如果母乳确实不能满足宝宝的需要，不足的部分可先进行混合喂养，这样有利于母乳的继续分泌；如果根本没有母乳或无法进行母乳喂养，可以实行人工喂养。

2 从母乳改换到混合喂养后，应当密切观察宝宝的生长、食欲和大小便等情况。

3 加牛奶时，应该在喂完母乳一段时间后再喂。因为硬的胶皮奶嘴感觉肯定不同于妈妈的乳头，宝宝会讨厌奶嘴。

4 此阶段宝宝体内的维生素储存量已经基本耗尽，必须从母乳或已强化维生素的奶粉中摄入。由于代谢活动增强，宝宝身体还需要摄入更多的水分。

5 3个月以内的宝宝吃咸食会增加肾脏负担。这个时期的"盐"，主要来自母乳和牛奶中含有的电解质，宝宝吃的菜水中不应当放盐。

6 采用人工喂养或给宝宝喂菜水、果汁的时候，器具的消毒和食品的新鲜卫生非常重要。

人工喂养的宝宝怎样喝水更科学

母乳喂养的宝宝在0~4个月都不用额外喂水，除非发生高烧、腹泻或者服用某些药物，天气炎热、出汗多等特殊情况，需要适量地补充点温开水。人工喂养的宝宝也不能像大人那样随心所欲地喝水，该怎么喝，妈妈应该掌握好科学的方法：

* 白开水是宝宝最好的水源

白开水是天然状态的水，含有对身体有益的钙、镁等元素，煮沸后冷却至20℃~25℃的白开水，具有特异的生物活性，它与人体内细胞液的特性十分接近，所以与体内细胞有良好的亲和性，比较容易穿透细胞膜，进入到细胞内，并能促进新陈代谢，增强免疫功能。

需要注意的是，给宝宝喝的水应该是新鲜的白开水。如果水暴露在空气中4小时以上，生物活性将丧失70%以上。此外，长期储存以及反复倾倒的凉开水会被细菌污染，所以每次煮的水不要太多。更不要将凉开水反复烧开，否则水中的重金属浓缩，不利健康。

* 宝宝喝水不能勉强

宝宝一天喂1~2次水就可以了，每次也不应给很多。一次不宜超过50毫升，如果宝宝出汗多，应该增加饮水次数，而不应该是饮水的量。

如果宝宝不愿意喝水，千万不要勉强，这说明宝宝体内的水分已够了，只要宝宝的小便正常。

* 怎样判断宝宝需要喝水了

什么时候该给宝宝喂水了，这全靠妈妈去观察，一般说来，这些现象表示宝宝需要喝水了：

1. 宝宝不断用舌头舔嘴唇。
2. 宝宝口唇发干。
3. 换尿布时没有尿。

此外，一般在两次喂奶之间，或在户外时间长了、洗澡后、睡醒后，宝宝可能都会需要喝水。

育儿一点诀

冬夏温差大，宝宝在夏天需要饮用与室温相同的白开水，而冬天的水温在40℃比较好。另外，饭前不是宝宝喝水的好时段，否则可能使胃液被稀释，不利于食物消化，影响食欲，睡前也不要喝水，会影响睡眠和消化。

宝宝的衣物如何清洗消毒

宝宝衣物清洗消毒的工作很重要。宝宝几乎每天都需要换一次甚至好几次衣服，而宝宝皮肤又很娇嫩，如果不注意清洁卫生，容易对宝宝的皮肤造成伤害。

*用宝宝专用的洗衣液

清洗宝宝的衣物应用婴儿或儿童专用的洗衣液或洗涤用品，包括洗衣皂、柔顺剂等，洗涤成分中不要含有磷、铝、荧光增白剂等有害物质。

洗衣粉、肥皂等碱性都比较大，不适合用来洗涤宝宝的衣服，应该选专为宝宝设计的洗衣液来清洗，这些洗衣液对宝宝身上经常出现的奶渍、汗渍、果汁渍等有特效，去污力强、易漂洗，而且对皮肤无刺激、无副作用。建议宝宝的衣物使用专用洗衣液。

*宝宝衣物要单独洗

宝宝的衣物不应与大人的衣物混洗。如果是内衣和外衣同洗，也要先洗内衣，再洗外衣，并且注意不要同时将它们浸泡在一起。

清洗宝宝的衣物前，应仔细阅读衣服上的标志，注意清洗衣物所需的水温、能否用洗衣机清洗、是否需要熨烫等。一般来说，3岁以前的宝宝衣物适合手洗，3岁以后才放进洗衣机洗。

*宝宝衣物要注意消毒

宝宝衣物要勤换勤洗，洗后多用清水漂洗几遍，尽量将衣物中残留的洗涤成分清除干净，洗后再用开水煮10分钟左右，以达到消毒的目的，也可以避免衣服变黄，另一方面也能起到去奶味和恢复衣物柔软度的作用。

有太阳的情况下，还应将衣物阴干后拿到太阳下充分暴晒，太阳是最天然的除菌材料，应该让婴儿衣物充分吸收阳光。如果碰到阴天，可以在晾到半干时，用电熨斗熨一下，熨斗的高温同样也能起到除菌和消毒的作用。

要注意的是，宝宝衣物不要使用消毒液，消毒液有很强的刺激性，很难彻底漂洗干净，会对宝宝造成不好的影响，即使用也应去商场认真选购婴儿专用消毒液。

育儿一点诀

当宝宝衣物上沾染尿液和奶渍时，先不要将其放入温水中浸泡，而应该用冷水清洁，以免热水令尿液和奶渍中的蛋白质附着在纤维上，反而不易清洗。

让宝宝体验多种睡姿

许多妈妈都喜欢让宝宝仰卧着，偶尔让其侧卧，一般不会采取俯卧，认为俯卧可能会使宝宝憋气，这种担心是不必要的。宝宝的潜能是很惊人的，让他多几种睡姿的体验，他会很快适应，并做出相应的调整。

＊体验多种睡姿的好处

让宝宝体验多种睡姿，既有利于保持宝宝脸型和头型的好看，又可以锻炼宝宝的活动能力，如侧卧可以帮助宝宝练习翻身，俯卧可以锻炼宝宝的颈部肌肉，练习抬头，为以后学习匍行和爬行打下基础。至于俯卧位能睡多长时间，不必硬性规定，只要宝宝高兴，俯卧位睡眠也能使宝宝睡得踏实而舒服。

＊专家面对面：左右侧卧位能防止宝宝误吸

对于溢乳的小宝宝，侧卧位是防止误吸的好办法，可以防止造成宝宝窒息。

有的家长担心宝宝头形会睡歪，其实只要不是固定一侧卧位，左右侧卧位勤更换就不会睡成歪头。

夏天的热痱子应该怎么预防和护理

热痱子常见宝宝于面、颈、背、胸及皮肤皱褶处，并可见成批出现的红色丘疹、疱疹，有瘙痒感。夏天外界气温高、湿度大，汗液不能及时蒸发，容易导致汗腺口堵塞发炎而引起宝宝生痱子，尤其是肥胖或穿着过厚的宝宝，当室内通风不良时更容易生痱子。

当夏天来临时，妈妈该怎么预防宝宝生热痱子呢？如果生了热痱子，该怎样护理呢？

*怎样预防热痱子

1 最有效、最绿色的处理方法就是勤洗澡，不让汗液粘在宝宝皮肤上，汗液是使宝宝出痱子的最主要原因。另外，居室要保持通风。

2 夏季早晚气候凉爽，可在凉爽的地方玩，户外活动时间可长些；中午气候炎热时，在室内做些活动量小的游戏，以减少出汗；刚入睡时，宝宝汗多，可用温毛巾给宝宝擦汗。

3 防痱子，痱子水优于痱子膏，痱子膏优于痱子粉。不要忘记给宝宝补充水分，

多喝凉开水和菜汤，多吃西瓜和蔬菜，以帮助降温，但不宜多喝冷饮，不宜直吹电扇。

4 给宝宝洗澡时，在水中滴一滴防痱滴露可有效预防宝宝出痱子。

5 给宝宝穿宽松、透气、丝薄的衣服。枕套、枕巾要保持干净，头发不宜过长。

6 潮湿、闷热的天气宝宝爱生痱子，如果宝宝居住的环境潮湿，最好使用除湿设备。

7 擦汗时，要用潮湿棉质的毛巾。如用干毛巾擦，不

容易擦去汗中的盐分，汗中的盐分会刺激宝宝的肌肤。

8 夏季不穿衣服并不是防痱子的好方法。穿吸湿性好的棉质衣服，可吸收汗水，妈妈需要及时更换被汗水浸湿的衣服。

9 宝宝皮肤的皱褶处容易出痱子，是重点护理部位。还不能翻身的宝宝，背部容易出汗，睡觉时最好在下面垫一条薄棉纱质浴巾。

10 喂奶时，宝宝会大量出汗，最好在胳膊上放一条棉毛巾，以便吸汗。

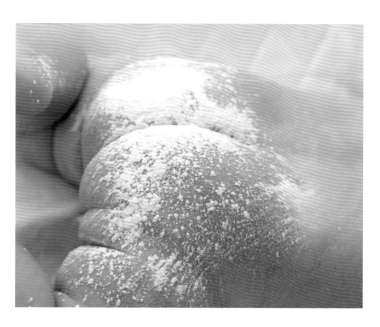

* 怎样护理热痱子

1 宝宝的衣着应宽松、肥大，并经常更换。衣料应选择吸水、透气性能好的薄棉衣。不要长时间光着身子，以免皮肤受到不良的刺激。

2 加强皮肤护理，勤洗澡，保持皮肤清洁。洗澡时，温热水最合适。水温太低，皮肤毛细血管骤然收缩，汗腺孔随即关闭，汗液排泄不出，会使痱子加重；过热则会刺激皮肤，使痱子增多。

不要给宝宝多抹爽身粉，以免与汗腺混合堵塞汗腺，导致出汗不畅。

3 宝宝睡觉时要常换姿势，出汗多时要及时擦去，避免皮肤受压过久而影响汗腺分泌。宝宝的房间应注意通风，保持凉爽。

4 如果宝宝出现痱子，可在洗浴后扑上痱子粉或涂炉甘石洗剂，千万不要用软膏、糊剂、油类制剂。另

外，不能随便用手挤痱子，以免扩散。

5 患痱子严重时，要尽量减少外出活动，尤其是要避开强紫外线，比如最好是早上八九点钟以前出去，或者下午四五点钟出去比较好一些。

6 如果出现脓肿应及时去医院诊治。

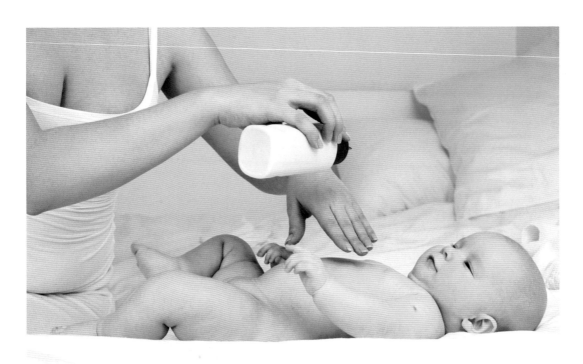

如何给生病的宝宝喂药

宝宝在出生后1~2天，就已具备分辨味道的能力了，喜欢吃甜的东西，而对苦、辣、涩等味会表现出皱眉、吐舌，甚至哭闹而拒绝下咽，很难与大人配合。

妈妈千万不要强行给宝宝灌药，而应该熟悉宝宝的脾气，找到正确的方法，以顺利让宝宝服药。

* 给宝宝喂药需要注意的几点

1 遵医嘱用药。宝宝用药量的大小与年龄及身体大小有关，也与其生理解剖特点及病情的轻重有关，因此宝宝用药量最好由医生来确定。

2 用药前先检查药袋上的药名、服用方式、不良反应及成分、日期，以及是饭前吃还是饭后吃。一般来说，两次吃药的时间至少间隔4小时以上。有一些药物有一定的不良反应，服药后要小心观察。

3 体质过敏的宝宝，在服用奶热、止痛药或抗癫痫药物后可能有过敏反应，一旦发现宝宝服药后有任何不适，就要立即停药并咨询医生。

4 药物要放好。药物应放在宝宝拿不到的地方，以免宝宝误服有害药物。

* 怎样令喂药更顺利

1 消除宝宝的恐惧心理，妈妈可以让宝宝看着你先吃点药，并做出好吃的表情，示意宝宝不用害怕，慢慢地宝宝就会消除恐惧。

2 喂药时最好抱起宝宝，取半卧位，防止药物呛入气管内。如果宝宝不愿吃，可以扶住宝宝头部，用拇指和食指轻轻地捏宝宝双颊，使宝宝的嘴张开，用小匙紧贴嘴角，压住舌面，药液就会慢慢从舌边流入，直至宝宝吞咽药液后再把匙从嘴边取走。

注意不要从嘴中间沿着舌头喂，因舌尖是味觉最敏感的地方，易拒绝下咽，哭闹时容易呛着。

3 若宝宝因药苦或气味强烈而不敢服用，可采用一些不会影响药物效果、又可以让宝宝安心服下药物的方法。如有些药物可加入果汁或糖浆一起服用，但是不要将药物与牛奶一起服送，牛奶会降低很多药物的药效。

4 服完药后再喂些水，尽量将口中的余液全部咽下。如果宝宝不肯吞咽，则可用两指轻捏宝宝的双颊，帮助其吞咽。服药后要将宝宝抱起，轻拍其背部，以排出胃内空气。

育儿一点诀

80后妈妈小时候可能有过被大人捏着鼻子、撬开嘴巴灌药的经历，要提醒的是，这种粗暴简单的办法不适合宝宝，宝宝的吞咽功能不完善，这样容易出现意外。

宝宝的成长测评

宝宝能力发展综述

肢体运动：3个月的宝宝，处于俯卧位时，能把双臂撑在胸前，并把头抬起45度坚持几分钟，转动更加随意。而当宝宝处于仰卧位时，他还能把自己的小手放到嘴里吮吸，两只小手还能在胸前交握然后分开。

另外，宝宝开始意识到自己的手，能够比较有意识地运用手，两手会在胸前自己玩。当给他手里塞入玩具时，他会即刻抓紧。有时候，小手还会摸摸自己的衣服、被子等。

语言能力：这个月，宝宝发出的声音会越来越多样，能发出类似元音字母的声音，如"哦""呵""哎"，而且能发出呵呵的笑声，偶尔开心时还会突然尖叫一声。

视觉、听觉：此阶段的宝宝，眼睛变得有神、灵动，对颜色开始敏感起来，并且喜欢鲜艳的颜色，如黄色、红色等。另外对事物关注度和关注时间延长，眼睛经常会跟着妈妈移动。这时候的宝宝还喜欢被竖着抱起来，这样才能方便他看到更多的事物。

宝宝的听觉更加敏锐，能辨别大人讲话的语气。如果语调温柔，他就会以微笑应对，手脚也会跟着晃动；如果语气恶劣，他就会蹙眉瘪嘴，甚至啼哭。

嗅觉、味觉：出生3个月的宝宝，可以用动作对他不喜欢的味道做出明确的反应。比如你给他闻刺激性的气味，他会主动把头转开，有时候还会用手把他不喜欢的东西推开。如果尝到了醋等的味道，会出现耸肩缩脖的可爱动作。

情商：宝宝出生3个月后，会有意识地与人交流了。如果你给他一个东西，他会伸出手，想要拿过去。如果你给他讲故事或唱歌，他会用微笑来回应你。

另外，此时的宝宝对大人的依恋感开始加强。如果他睡醒之后，长时间看不到人，就会大哭，直至他熟悉的人抱起他，才会停止哭泣。

宝宝潜能提升方案

* 大动作能力发展提升

1. 俯卧抬头

游戏功效：训练宝宝颈、胸、背的肌肉，发展宝宝动作的协调性。

操作方法：继续训练俯腹、俯卧抬头，方法与第2个月相同。

使宝宝俯卧时头部能稳定地挺立达45°~90°，用前臂和肘能支撑头部和上半身的体重，使胸部抬起，脸正视前方。

2. 翻身

游戏功效：每日数次，3个月末宝宝就会自己翻身了。

操作方法：将宝宝放置于硬板床上，取仰卧位，把宝宝左腿放在右腿上。妈妈用左手握宝宝左手，使宝宝产生翻身动作。妈妈再用右手指轻轻刺激宝宝背部，使宝宝主动向右翻身，翻至侧卧位，进一步至俯卧位。

3. 四肢运动

游戏功效：培养宝宝四肢的协调性。

操作方法：让宝宝仰面躺着，轻轻地移动宝宝的胳膊和腿，使宝宝感到舒适、愉快。如果宝宝紧张、烦躁，可暂缓做操，改为皮肤按摩，使之适应。接着做上肢运动，妈妈握住宝宝的双手，做"上、下、内、外、屈肘、伸肘"，就好像让宝宝划桨一样，边做动作边对宝宝唱歌或笑。再握住宝宝的双脚一前一后地帮他做"上、下、内、外展、合拢、屈膝、伸直"，就好像让宝宝踩自行车一样。然后用手掌在宝宝的身体两侧上推拿一下，再让宝宝俯卧，在背部上再推拿一下。在给宝宝换尿布、洗澡后穿衣服时，都可以玩一会儿以上的四肢被动游戏。

* 精细动作能力发展提升

1. 够物抓握

游戏功效：培养宝宝手眼协调能力和宝宝的动手技能。

操作方法：在宝宝看得见的地方悬吊带响玩具，扶着他的手去够取、抓握、拍打。每日数次，每次3~5分钟。

可供选择的玩具推荐：

名称	品质要求	使用方法
吊挂玩具	颜色鲜艳、声音悦耳、造型精美；树脂或塑料制品，可以清洗、消毒	悬挂在宝宝的床头及周围3米以内，定期轮换
可发声的橡胶玩具		
摇铃玩具		
生活用品做玩具	妈妈的彩色项链、爸爸的领带，宝宝的鲜艳袜子都是宝宝的玩具。在喂奶或看护宝宝时妈妈戴着项链、丝巾让他看。将袜子套在宝宝手上，看着他是怎样把手举到眼前，并专心凝视的	

* 语言能力发展提升

1. 寻找声源

游戏功效：提高宝宝对声音的感觉，使宝宝对声音有大的反应。

操作方法：拿一个拨浪鼓，在距离宝宝前方30厘米处摇动，当宝宝注意到鼓响时，对宝宝说："宝宝，看拨浪鼓在这儿！"让宝宝的眼睛盯着鼓，张开手想抓鼓。

休息片刻，在宝宝的后方，让他看不到你的脸，拿这个拨浪鼓摇动，稍停一会儿再问："拨浪鼓在哪里呢？"再分别将拨浪鼓慢慢地移到宝宝能看到的左、右方摇动，注意观察宝宝的眼、耳和手的动作，看宝宝对声源方向的反应。

2. 回应声音

游戏功效：练习发音，发展宝宝的语言能力。

操作方法：妈妈对宝宝发出的声音，给予不同的反应，如亲切和蔼的言语、命令式的声音及激动的喊叫等，并使宝宝能对不同的声音有不同的回应。

做过呼名胎教试验的宝宝在有人叫他名字时能回头寻找，并发出拖长的单元音或连续的两个音，如"啊咕""啊呜"等，渐渐地能模仿大人的口形发出声音。

* 生活自理能力发展提升

1. 生活规律

游戏功效：培养宝宝良好的生活习惯，使宝宝的生活更有规律。

操作方法：晚上逐渐减少或停止喂奶，早饭后定时大便。

* 适应能力发展提升

1. 视线转移

游戏功效：训练宝宝的视觉功能，从而提高其适应能力。

操作方法：让宝宝的视线从一个人(或物)转移到另一个人(或物)上。或者在他(她)注视一个物体或人脸时，让其迅速移开，用声音或动作吸引宝宝视线转移。

宝宝最喜欢观看快跑的汽车、会飞的鸟儿、会跑的猫。应经常让宝宝到户外观察活动的物体。

2. 亲近妈妈

游戏功效：宝宝慢慢学会认人并在5~6个月开始"怯生"。

操作方法：妈妈走来时，宝宝显出快乐和急于亲近的表情，有时还会呼叫，手舞足蹈。只有经常和宝宝逗乐的爸爸才能引起宝宝这种亲近的激情。

3. 该动哪一个肢体

游戏功效：促进宝宝对声音的感知觉，使宝宝学会总结经验解决问题。

操作方法：用松紧带在床栏上吊响铃，另一头拴在宝宝的任意一个手腕上。父母先动松紧带使响铃发出声音，开始宝宝会全身使劲儿摇动松紧带使铃作响，以后他学会只动一个手腕就将铃摇响。

过1~2天，松紧带可拴在宝宝任意一只脚踝上，宝宝经过多次尝试也能让一个脚踝动就使铃发出声响。

注意，当父母离开宝宝床铺时，一定要解开拴住的松紧带，以免宝宝在活动时将绳子缠住肢体而妨碍血液循环。

* 社交行为能力发展提升

1. 出声搭话

游戏功效：让宝宝感受到温暖、关爱，培养宝宝愉快的情绪。

操作方法：在宝宝情绪愉快时，父母可以用愉快的口气和表情，或用玩具，让他发出"呃、啊"声，或"咯咯"的笑声。

一旦逗引宝宝主动发声，你就要富有感情地称赞他，亲热地抚摩他，以示鼓励，并与他你一言、我一语地"对话"，诱导宝宝出声搭话。

2. 逗引发笑

游戏功效：这个时期的宝宝会积极地寻找大人，见人高兴，逗引发笑能培养宝宝愉快的情绪，促进宝宝的社交能力发展。

操作方法：多到宝宝跟前说话或引逗，让他高兴、愉快；或站在他面前，先看看他是否有兴奋得手脚乱动、发笑等反应，若无反应，则要做各种动作引逗他发笑。

宝宝的游戏时间

锻炼宝宝协调能力

难易程度：★★★

＊游戏前的准备工作

准备各种小动物形象的空心橡皮玩具（如小鸡、小鸭、小狗等）。

＊游戏技巧

将各种橡皮玩具散放在宝宝身边触手能及的范围内，让宝宝伸手去抓这些玩具。

宝宝每抓起来一个，妈妈就要说出这种动物的名称，并且夸张地学动物的叫声。

将玩具从宝宝手中取下，再次鼓励让宝宝随机抓取一个玩具。

反复几次，不断强化宝宝对这些动物名称和叫声的认识。

还可以准备一些能捏响的玩具，帮助宝宝捏响，通过锻炼小块儿肌肉，可以对大脑的运动神经区产生积极的影响。

＊游戏的好处

锻炼宝宝的协调能力和抓握能力，还能促进宝宝自然智能的发展。

培养宝宝的独立意识，让宝宝做一些力所能及的事情和感兴趣的事，从这些事情开始，培养宝宝的自我服务意识，塑造独立自主的优秀品格。

＊专家面对面

橡皮玩具的大小要适宜，以宝宝的小手能抓起来为好；选择的动物形象最好是比较常见而且叫声比较容易模仿的。当宝宝学会一种动作后，妈妈要提醒和监督宝宝坚持在日常生活中运用才能培养其自我服务的能力和促使其习惯的养成。

小小斗牛士

锻炼宝宝协调能力
难易程度：★★★

* 游戏前的准备工作

准备一块手帕大小的红色绒布。

* 游戏技巧

妈妈哼唱《斗牛士》的旋律，拿出红色绒布，展示给小宝宝看，然后随着旋律舞动手中的红色绒布，配合节奏随机地变换绒布的位置，最后突然加重旋律的尾音，然后把绒布藏在身后，这样反复舞动两三次。

* 游戏的好处

可提高宝宝的视觉能力。如果宝宝能随着红布移动目光，则表示他已经出现追视反应，随着节奏舞动红布还可以促进宝宝对空间运动的认识，也能培养宝宝对音乐旋律的感觉。

* 专家面对面

最好选择红色绒布做斗牛布，因为宝宝对红色有偏好，也对红色更敏感，容易吸引宝宝的注意力，此外，绒布

的质感较强，不易反光，也不会伤害宝宝的眼睛。

另外，建议妈妈不要用音箱或录音机外放《斗牛士》的音乐，因为这首曲子节奏很快，容易令宝宝不安，妈妈自己来哼唱是最好的方式。

Part 3 养育2~3个月宝宝 /067

80后妈妈育儿经

你认识到宝宝的天才和能力了吗

80后新妈妈都希望自己能够培育出一个最棒的聪明宝宝，需要注意的是天才宝宝的培育不是越超前越好，但是也不可落后哦。

1 对宝宝进行早期教育可以促进大脑的健全、发达

早期教育需要根据宝宝的体质。如果不是早产儿、体弱儿，出生10多天就可以开始。

2 你要重新认识你的宝宝

你的宝宝不但善学习，而且还有动手的能力，他有惊人的记忆力、接受力、探索力、模仿力。宝宝出生后，就具有许多方面的天赋：

音乐天赋：唱歌时音阶很准，音色甜美无假声；平常喜欢听各种乐器，日常生活中对声响和音乐很有兴趣。

逻辑天赋：大一点的宝宝会经常提出诸如"时间是什么时候开始"之类的问题；善于划分人、事、物的种类和顺序。

认识自我的天赋：善于把自己的言行与情感联系起来；对于别人将要去做的事情能做出预感性的评议；对自己干的事情有准确的评判。

认识他人的天赋：能注意父母或周围人的情感变化，并对此表示支持或劝慰；喜欢模仿别人在生活中的言行。

妈妈不妨注意一下宝宝具备哪种天赋，顺势引导，为日后成才创造条件。

3 宝宝良好性格的塑造

塑造宝宝快乐活泼、安静专注、勇敢自信、爱劳动、关心人、有好奇心、爱创造、有独立精神的良好性格品质。

4 早期教育的方法有：玩中学、学中玩；对牛弹琴，只管耕耘；培养习惯，环境濡染。

5 了解早期教育的最佳年龄

要记住早期教育的最佳年龄段就是0~6岁，而0~1岁尤其关键。

诚如"世界上并不缺少美，缺少的是发现美的眼睛"。宝宝也不缺少天才和能力，只是我们都缺少一双发现的眼睛，在发现之前，我们所能做的，就是把宝宝当作天才来欣赏、来关注，并且给他这种氛围，终有一天，他会发挥自己的才能。

如何做到享受生活、养育宝宝、工作三不误

80后妈妈比自己的长辈们更多地开始注重生活质量，养育宝宝的同时还想着兼顾工作。工作之余的生活享受也很重要，想起来似乎有些难，但我们相信，只要你安排妥当，生活、工作、育儿的内容能结合得很完美。

首先，你需要结合自己的实际经验和感觉问问自己，是做全职妈妈还是兼职妈妈比较合适呢？

* 怎样权衡全职与兼职

1.兼职妈妈力不从心

上班了，不是24小时跟宝宝黏在一起，心中夹杂着母子短暂分离的焦虑、不能第一时间见证宝宝成长中的每一个惊喜的片段的遗憾。最重要的是，上班已经累得筋疲力尽，而回到家，兼职妈妈的"上班"才开始……这一切，让初为人母的你心烦不已，于是想要辞职当个全职妈妈。

2.全职妈妈经济条件不允许

家里突然新增加了一个宝宝，而你和老公又想给他最好的生活条件。于是，奶粉、尿不湿等一系列昂贵宝宝用品，一点一点掏空你们的积蓄，为家庭收入来源考虑，辞职是不现实的，更重要的一点是，休产假已经与工作脱离了这么久，再回家全职照顾宝宝，等宝宝3岁送幼儿园的时候，与社会脱节的妈妈不知道还能否找到适合自己的工作岗位。

3.权衡利弊，再做正确选择

我们建议，如果你觉得没有更多精力处理宝宝和工作之间如此多的繁杂事务，或者你想要见证宝宝成长岁月中的点点滴滴，你可以选择回家做全职妈妈。但如果你觉得工作对你来说很重要，你能在宝宝和工作之间找到一个平衡点的话，你就可以继续你的职场白领生涯。

如果经过权衡，你选择做兼职妈妈的话，也就是说你选择养育宝宝与继续工作，那么，接下来你需要考虑如何平衡宝宝与工作之间的天平。

Part 4

养育3～4个月宝宝

身体发育标准

	女宝宝	男宝宝
身高	57.8~66.4厘米，平均62.1厘米	59.7~68厘米，平均63.9厘米
体重	5.7~8.2千克，平均6.4千克	6.2~8.7千克，平均7.0千克
头围	40~42.4厘米，平均41.2厘米	40.9~43.5厘米，平均42.2厘米

宝宝的生长发育

这个时期宝宝的增长速度开始稍缓于前3个月，宝宝到第4个月末时，后囟门将闭合，头看起来仍然较大。这是因为头部的生长速度比身体其他部位快，这十分正常，他的身体很快可以赶上。

由于宝宝的唾液分泌增多且口腔较浅，加之闭唇和吞咽动作还不协调，宝宝还不能把分泌的唾液及时咽下，所以会流很多口水。这时，为了保护宝宝的颈部和胸部不被唾液弄湿，可以给宝宝戴个围嘴。

另外，宝宝开始出牙的时间差异很大，正常范围是4~12个月，只要12个月以内出牙都属于正常范围。

宝宝的营养

蔬菜类辅食的制作处理方法

给宝宝制作蔬菜类辅食时，妈妈可以参考以下要点：

1 从制作蔬菜汁开始循序渐进。一开始时，可制作菜水，再逐渐改为制作菜水的同时制作菜泥，一种菜水多次制作后可渐渐地增加蔬菜的选择面，待宝宝长出牙齿后，可将蔬菜切碎后放入粥或软米饭、面条中。

育儿一点诀

蔬菜买回来后应先用清水冲洗，最大限度地避免被有害物质污染，一般清洗步骤为：先用清水冲洗蔬菜表层的脏物，然后用清水浸泡半小时到1小时，最后用流动水彻底清洗干净。

2 做蔬菜汁可多选用油菜、雪里蕻、芥蓝菜等钙含量比较高且易吸收的蔬菜，而有些蔬菜如菠菜等含有草酸，会影响钙的吸收，不宜做成汤。

3 选用尽量新鲜的蔬菜，根茎类蔬菜洗切时间与下锅烹调时间间隔不要过长。烫蔬菜时，应等到水沸后再放入蔬菜。

4 烹调蔬菜时可加少量淀粉，可防止维生素C被破坏。在宝宝7~8个月时，还可以多制作用碎菜和肉末混合做成的粥、烂面等，也可起到保护维生素C的作用。

5 若炒蔬菜，则应尽量急火快炒，不要把菜煮过或挤去菜汁后再入锅炒，那样营养成分已大部分丢失，只剩下纤维素了。

6 应按照先叶后茎的原则来制作蔬菜，先制作一些叶多纤维相对较少的，再逐步过渡到茎多的蔬菜，让婴儿的消化系统能适应。

水果类辅食的制作处理方法

一般的水果如苹果、梨、柑橘等应先洗净，用清水浸泡15分钟，尽可能去除农药，再用沸水烫30秒，去皮、去核后做成果汁或果泥。另外，切开食用的水果如西瓜，也应将外皮用清水洗净后，再用清洁的水果刀切开，要注意千万别用切生菜、生肉的菜刀，以免果肉被细菌污染。

香蕉、荔枝、柿子、橘子等不宜空腹食用；比较胖的宝宝不适合吃制作太甜的水果，如荔枝、香蕉、西瓜、哈密瓜等瓜类水果，因为其所含糖分多、热量高。此外，水果一次不能做得太多，以免宝宝吃得过多影响主食摄取，导致营养吸收不均衡。

宝宝辅食中能添加调味料吗

不提倡在宝宝辅食中添加调味料。

宝宝的口味是后天的饮食习惯所造成的，经常食用咸味重的食物，就会对咸味比较迟钝，变得越吃越咸。符合健康标准的宝宝食品几乎是没有咸味的。宝宝8个月左右可以进食食盐，但是量一定要少，不能以大人的口味想当然给孩子吃。

味精、鸡精这些调料都是不可以增加的，它们可能会造成宝宝缺锌，引起味觉功能减退，食欲减低，妈妈也不应吃味精，以免通过乳汁传给宝宝。

另外，糖类越少加越好。如果宝宝吃的味道过重，无论是偏咸、偏甜，他对淡味道的东西可能就不接受了，而且吃甜对消化功能、牙齿都是不好的。

从小吃惯清淡食物的宝宝，长大后，就不会喜欢吃太咸、盐分太多的食品，这将使他终身受益。当然，给宝宝的辅食可以加一点点香油和植物油，但也不应多，提倡低脂辅食。

宝宝厌奶怎么办

宝宝厌奶的现象普遍发生在6个月之后，甚至有的宝宝在4个月左右便有厌奶的现象。要让宝宝度过厌奶期，妈妈要做到：

首先，不要因为担心宝宝不吃奶会影响生长发育就强行喂奶，这样只会令宝宝更加不喜欢吃奶；其次，找出宝宝厌奶的原因，继而找到对策。

宝宝厌奶的原因大体有以下几种，以下处理对策妈妈可以参考：

1 妈妈乳房有异味：宝宝对异味很敏感，可能会因此拒绝吃奶。

处理对策：妈妈要用温水清洁乳头和乳晕，不要随便使用肥皂或其他沐浴用品。

2 突然转变喂养方式：突然喂给配方奶或配方奶被更换也容易引起宝宝拒奶的现象。

处理对策：不宜随意更换奶粉，需要换奶粉时要渐进，每天添加半匙新奶粉，并逐渐增多，直到全部换完为止。

3 喂养姿势不当：拿奶瓶的角度不当，或奶嘴大小、舒适度不佳时，也可能使得宝宝吸吮不顺利而拒奶。

处理对策：将奶瓶倾斜45度最佳。如果水从奶嘴中能呈水滴状陆续滴出，则速度正好。

4 疾病：鼻塞、口腔感染时也会引起宝宝厌吮。

处理对策：认真观察宝宝的情况，如有异常，应咨询医生，看是否要送医院。

应该给宝宝补铁了

宝宝从母体中得到的足够的铁只供宝宝出生后的4个月使用。4个月之后，宝宝体内的铁储备差不多消耗完，而母乳或牛奶中的铁不能满足宝宝的需求，因此需要及时补铁。

此时如果不添加含铁食物，宝宝容易出现贫血，但是补铁不可盲目，要掌握合理的补铁方法，以免影响宝宝的健康。

＊怎样合理地为宝宝补铁

1.及时合理添加辅食

合理添加辅食不仅可以及时补铁，也能满足宝宝营养、能量增加的需要，乳制品已不能满足其生长发育的需要。

4个月开始添加辅食是最适当的时机，可以给宝宝添加少许磨碎的蛋黄，5个月以上的宝宝则可以逐渐增加更丰富的含铁辅食，如鱼泥、菜泥、米粉、豆腐、烂粥等。

2.补铁食物以动物性为主

食物中的铁分为两种，一种是吸收率高的血红素铁，存在于动物性食物中，如瘦肉、肝脏、鱼类中含的铁吸收率大约在10%~20%；另一种是非血红素铁，存在于植物性食物中，如米面等食物中铁的吸收率只有1%~3%。

为了补铁，应选择动物性辅食，不过大豆中铁含量高，吸收率也较高，可作为植物性辅食的首选。

3.补充维生素C以促进铁的吸收

吃补铁食品时要注意同时补充含维生素C高的新鲜水果和蔬菜，如猕猴桃、柑橘、新鲜菜泥等，有促进铁吸收的作用。

4.食补大于药补

宝宝贫血多为营养性的，通过饮食营养很容易防治，不可轻易用含铁剂的药物补铁，因为不良反应（恶心、呕吐、厌食等）多，对宝宝不利。

加喂鸡蛋黄预防贫血

上文我们说到，4个月的宝宝可以从添加鸡蛋黄开始补铁，预防贫血，是因为鸡蛋黄含有宝宝生长发育需要的很多营养素，尤其是富含铁质，且比较容易消化吸收，对预防宝宝贫血十分有效。

不过，宝宝消化系统还很稚弱，吃鸡蛋要循序渐进：

1.由少到多

刚开始每天喂1/6~1/4个蛋黄，喂蛋黄后要注意观察宝宝大便情况，如有腹泻、消化不良就先暂停，调整后再慢慢添加；如大便正常就可逐渐加量，可喂1/2个蛋黄，约3~4周就可喂到每日1个。

2.不要喂鸡蛋白

6个月前宝宝的消化系统发育尚不完善，肠壁的通透性较高，鸡蛋清中蛋白分子较小，有时可通过肠壁直接地进入婴儿血液中，这种异体蛋白为抗原，可使婴儿尤其是小婴儿的身体产生抗体，再次接触异体蛋白的时候，则出现一系列的反应与变态反应疾病，如湿疹、荨麻疹等，所以主张宝宝吃蛋黄不宜吃蛋清。

育儿一点诀

给宝宝吃的鸡蛋一定要煮熟，这样做一方面可以把鲜蛋中的寄生虫卵、细菌、霉菌杀死，另一方面益于鸡蛋中营养成分的吸收和利用。

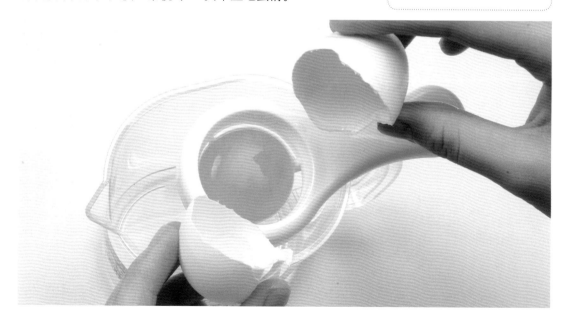

宝宝的护理

给宝宝戴围嘴

宝宝在这一时期开始流口水，而且这种现象会一直持续到1~2岁。此时，妈妈最好给他戴上围涎或用手帕擦拭，既可以使宝宝更干净、更漂亮，也可以养成好的卫生习惯。

*怎样为宝宝选购围嘴

1 市场上围涎产品有围嘴式的，有背心式的，也有罩衫式的，有些颈部可调节大小，适合宝宝跨月龄使用。

2 一般采用纯棉材料，透气、柔软、舒适、吸水性好，宝宝喝水、吃饭、流口水时都不用担心弄湿衣服。有些采用粘胶设计，穿起来更方便。

3 不要使用橡胶、塑料或油布做成的围嘴，尤其是较冷的天气或宝宝有皮肤过敏时最好不要使用。如果使用，最好在这类围嘴的外面罩上一块纯棉布围嘴。

4 围嘴不宜过大，四周也不要有很多荷叶边或机织的花边，式样大方、活泼就可以了。

*围嘴的使用要点

1 系带式的围嘴不要系得太紧，喂完饭或宝宝独自玩耍时，最好不要戴，以免造成意外。

2 围嘴的作用主要是防脏，不要把它当作手帕来使用。揩抹口水、眼泪、鼻涕等最好仍用手帕。

3 围嘴应经常保持整洁和干燥，这样宝宝才会感到舒服，乐于使用。

宝宝每天睡多长时间合适

每个宝宝在不同的年龄阶段和不同的环境中，他所需要的睡眠时间都是不同的。有些宝宝会一次睡很久，有些宝宝则喜欢不时地打一个瞌睡；有些宝宝睡眠十分规律，有些宝宝的睡眠则没有任何规律可循。

一般来说，新生宝宝睡眠的时间很长，刚出生时，几乎每天都要睡20小时，在出生2周后，会有所减少，但每天也会睡16~18小时。下面是宝宝各时期睡眠时间的一个参考表：

时期	睡眠时间参考值
新生儿	16~20小时
3周	16~18小时
6周	15~16小时
4个月	9~12小时，加2次小睡，每次2~3小时
6个月	11小时，加2次小睡，每次1个半~2个半小时
9个月	11~12小时，加2次小睡，每次1~2小时
1岁	10~11小时，加2次小睡，每次1~2小时

宝宝睡觉时该穿什么

宝宝睡觉既不能穿得太厚实，也不可裸睡，正确的做法是：

天冷时，给宝宝穿上一件薄内衣和一条裤子，可依气温酌情增加一件内衣，也可给宝宝穿睡衣。睡衣一定要是纯棉、薄布、柔软、透气性好的。睡觉时可给宝宝盖上被子，或将宝宝放入睡袋中，但不要穿很多衣服，更不要穿上外衣睡觉，宝宝自我调节体温能力较差，

当宝宝出被窝时易着凉，此外，穿得太多也容易妨碍宝宝全身肌肉的放松，还会影响他的血液循环和呼吸功能，影响宝宝的睡眠。

天热时，可以穿小兜肚，在胸腹部盖一层薄薄的被子，也可穿一件薄内衣，一条小短裤，但一定不要让宝宝光着身子睡觉，这容易导致宝宝腹部受凉，引起腹泻，由于体温调节能力不强，也容易使身体受凉而感冒。

育儿一点诀

宝宝晚上睡觉的衣服应该与白天分开来。白天的衣服由于接触外界较多，细菌也相应的很多，如果继续穿着睡觉，容易使抵抗力低下的宝宝受到感染。

宝宝睡颠倒觉如何调整

有的宝宝白天睡觉，夜晚清醒，睡颠倒觉，这常常让妈妈觉得疲惫不堪。出现这种情况时，妈妈可以试着这样来调整：

1 限制白天的睡眠时间，一次不超过3小时，超过时应弄醒他，比如打开衣被换尿布、触摸皮肤、抱起说话等。

2 白天有规律地外出玩耍，增加活动时间，减少睡眠时间，使宝宝适度疲劳。

3 白天睡眠时室内光线不要太暗，可适当有响动；夜间则提供较暗和安静的睡眠环境，帮助孩子区别日夜，夜间喂奶最好不开亮灯，说话用耳语。

4 建立一套睡前模式：

洗个热水澡，换上睡觉的衣物；

喝奶后不要马上入睡，应待半小时左右，此期间可拍嗝；

与孩子说说话，念1~2首儿歌，把一次尿，然后播放固定的催眠曲(可用胎教时听过的)；

关灯，此后不要再打扰他。

注意，每天按时做很重要，可养成孩子固定时间睡眠的习惯。

一般经过几天就能将宝宝的颠倒觉调整过来。如果一时间难以纠正，也不要太着急，忍耐几周就会有效果。

育儿一点诀

妈妈要多尝试各种方法，因为宝宝的个性不同，只有通过尝试，才能找出既适合宝宝性情又与妈妈生活方式相适应的最佳方法。

宝宝的成长测评

宝宝能力发展综述

肢体运动：出生4个月后，宝宝的头颈部变得很有力，头能稳定居中，俯卧时，还可以向上抬起90度，仰卧时，能低头看自己的手脚。

另外，宝宝的手和手臂的进步也很快。手臂很有力，在俯卧的时候，双臂能支撑起上半身，甚至能支撑着翘起屁股；手指甚至能相互配合抓捏一些东西，可以抓着自己的被子或毛巾往嘴里送。

腿部的活动也变得多而灵活，会常常踢开被子，或用脚去够旁边的东西。而且，此时的宝宝还能够在大人的帮助下翻身，也能在大人的扶助下坐一会儿。

语言能力：此时的宝宝，喜欢模仿别人的语调。如果有人跟他说话，他会与人一唱一和地交谈，会咕咕地发声来回应。

视觉、听觉：到这一个阶段，宝宝的视力几乎与成人一样了，灵敏度非常高，并且能从一个物体上移到另一个物体。如果有东西经过，眼睛立刻就会跟上去，当追看的东西消失不见了，还会主动寻找。他开始慢慢会区别颜色，偏爱的颜色依次为：红、黄、绿、橙、蓝。宝宝听力在此时有了进一步加强，可以分出男声跟女声了。

嗅觉、味觉：出生4个月后，宝宝开始有口水分泌出来，辨别味道的能力更进一步，已经能分辨味道上的细微差别。

情商：出生4个月后，宝宝能够放声大笑，而且对呼唤有了意识。如果有人叫

他的名字，他能明白是在叫他，然后做出相应反应。另外，他还喜欢其他宝宝。当看见其他宝宝时，注意力明显更加集中，注意时间也更加长，还常常会对着镜子里的自己微笑。

宝宝潜能提升方案

* 大动作能力发展提升

1. 前臂支撑

游戏功效：锻炼宝宝的臂力，扩大宝宝的视野，提高宝宝的注意力。

操作方法：在原基础上继续训练宝宝俯卧抬头。如妈妈站在宝宝头前与他讲话，使其前臂支撑全身，将胸部抬起，抬头看妈妈；妈妈还可在前方用玩具逗引，从左到右、从远到近移动玩具，观察宝宝的反应。

2. 翻身

游戏功效：提高宝宝的灵活性。

操作方法：继续按前面方法训练翻身。妈妈也可以在宝宝的一侧放一个玩具，逗引他翻身去取。此时，妈妈可握住宝宝一侧的手，宝宝自然而然就握着你的手，做出翻身动作，并由仰卧到侧卧再到俯卧。

3. 拉坐

游戏功效：能增强宝宝的平衡能力。

操作方法：宝宝在仰卧位时，妈妈握住宝宝的手，将其拉坐起来。注意让宝宝自己用力，妈妈仅用很小的力，以后逐渐减力，或仅握住妈妈的手指拉坐起来，宝宝的头能伸直，不向前倾。每日训练数次。

1. 够取悬吊的玩具

游戏功效：锻炼宝宝双手的灵活性，促进宝宝智力发展。

操作方法：妈妈将玩具用绳子系着悬挂起来，先用手摸，玩具被推得更远。宝宝再伸手，玩具又晃动起来。经过多次努力，宝宝终于用两只手一前一后将它抱住，大概要到5个月时宝宝才能用单手准确够取。

2. 准确抓握

游戏功效：发展宝宝的触觉，锻炼宝宝双手的抓握能力。

操作方法：妈妈把宝宝抱至桌前，桌上放几种不同的玩具，让其练习抓握。每次放3~5分钟，经常变换，可以从大到小，反复练习，并记录能准确抓握的次数。

3. 见物伸手并朝物体接近

游戏功效：发展宝宝的观察力和触觉。

操作方法：爸爸和妈妈一人抱着宝宝，另一个人在离宝宝1米处用玩具逗引他，观察宝宝是否注意。与玩具接近，渐渐缩短距离，让宝宝一伸手即可触到玩具。如果宝宝不会主动伸手朝玩具接近，可引导宝宝用手去抓握玩具，去触摸、摆弄玩具。

1. 咿呀学语

游戏功效：养成与宝宝交谈的习惯，见到什么就对宝宝说什么，干什么就讲什么，这能培养宝宝日后优秀的语言素质。

操作方法：每次吃奶后，妈妈可以一边将宝宝扶起来拍拍后背，一边对他说："宝宝，吃饱了吗？""好吃吗？""香不香？"在换尿布时和他说："宝宝尿湿了，不舒服吧？"尽管宝宝不明白这些话的意思，但他会和着你的声音，嘴里发出"啊""喔"等音来。

2. 学发声

游戏功效：给宝宝足够的语言刺激，提高宝宝的语言能力。

操作方法：拿一个带响的玩具，妈妈一边逗他玩，一边喊："宝宝ná(拿)住。"同时拉着宝宝的手让他握住玩具，激发宝宝能自发地连接两个不同的单音。在宝宝床上悬挂一个较大的、能发声的塑料娃娃，宝宝仰卧在床上，要让宝宝的手脚都能碰到玩具。要逗引他抓、蹬和发声，注意宝宝能否发出ma、na等的近似音并做记录。

1. 用勺舔食

游戏功效：给宝宝顺利添加辅食并为宝宝几个月后的断奶做准备。

操作方法：用勺喂米糊或鸡蛋黄，能让宝宝张口舔食。

2. 睡眠习惯

游戏功效：培养宝宝良好的睡眠习惯。

操作方法：白天觉醒时间延长，晚上能睡长觉。

1. 寻找目标

游戏功效：认识了第一种物品，以后宝宝可以逐渐认识家中的花、门、窗、猫、汽车等物，渐渐学会用手去指，认识自己的玩具，听到声音会用手去拿。

操作方法：妈妈抱宝宝站在台灯前，用手拧开灯说："灯。"初时宝宝盯住妈妈的脸，不去注意台灯。多次开关之后，宝宝就会发现一亮一灭，目光向台灯转移，同时又听到"灯"的声音，渐渐形成了条件反射。以后再听到大人说"灯"时，宝宝眼睛看着灯，就找到了目标。

2. 寻找声源

游戏功效：训练宝宝将声音与物体联系起来，发展宝宝动作的目的性。

操作方法：爸爸站在宝宝一侧，摇动带响的玩具，妈妈注意宝宝是否转头去看，并做记录。

1. 抚摩妈妈的脸

游戏功效：使宝宝高兴，并对妈妈的脸感兴趣，能提高宝宝的社交和情绪能力。

操作方法：妈妈要经常俯身面对宝宝，朝宝宝微笑，对宝宝说话，做各种面部表情。与此同时，拉着宝宝的手摸你的耳朵，摸你的脸，边拍边告诉他："这是妈妈的脸。"然后发出"哞哞"等好玩的声音。

2. 藏猫猫

游戏功效：训练宝宝分辨面部表情，使他对不同表情有不同反应。

操作方法：妈妈用毛巾把脸蒙上，俯在宝宝面前，然后让他把你脸上的毛巾拉下来，玩时有意识地给予不同的面部表情，如笑、哭、怒等。

宝宝的
游戏时间

锻炼宝宝协调能力

难易程度：★ ★ ★

* **游戏前的准备工作**

准备红色苹果1个。

* **游戏技巧**

让宝宝俯卧在床上，双臂屈曲于胸前。

拿出1个红色的大苹果放在宝宝的正前方，让宝宝看一看、摸一摸、闻一闻，吸引宝宝的注意。

妈妈推一下苹果，让苹果向远离宝宝的方向滚动，让宝宝的目光追随。

* **游戏的好处**

通过游戏可以帮助宝宝练习抬头，提高宝宝躯体的协调运动能力。

* **专家面对面**

选取的苹果一定要大、色泽鲜艳，最好是红色，不要让苹果滚动得太远，以免宝宝疲劳。

公园里玩纸飞机

* 游戏前的准备工作

爸爸妈妈一起带宝宝到公园，用鲜艳的彩纸折几只纸飞机，彩纸的颜色尽可能鲜艳，色彩对比要强烈。

* 游戏技巧

拿起红色的纸飞机，展示给宝宝，告诉宝宝："这是红飞机。"

将纸飞机轻轻抛向前方，吸引宝宝注意。

然后问宝宝："红飞机飞到哪儿去了？"让宝宝指指看，"啊，红飞机在那儿呢"。

换另外颜色的纸飞机重复上述步骤。

* 游戏的好处

宝宝的视觉追随纸飞机的飞行路线，可以锻炼宝宝的视动觉反应，发展对空间的认知。

* 专家面对面

飞机不要抛得太远，速度也不要过快，否则不利于宝宝追踪。

抛飞机的动作不要太大，以免宝宝忽视了观察纸飞机的飞行路径。

由爸爸把纸飞机放在宝宝的手中，帮助他把飞机抛向远处，宝宝的参与感更加强烈，也会更有兴致，手眼协调能力得以锻炼和发展。

怎么让上班、母乳喂养两不误

上班的妈妈一般在第4个月时就要重返工作岗位了。这时上班和母乳喂养就难倒了不少妈妈，其实，只要做好充分的安排和准备，是可以让妈妈尽享哺育与工作快乐的。

* 做好充足的事前准备

1 恢复上班前的2~3周，你需要了解单位对哺乳职工的政策，明确具体工作内容，安排好自己的时间表。

2 根据工作时间及地点，开始着手调整宝宝的进食时间。如果工作地点离家近，可在中午休息时安排喂奶1次，加上早、晚及夜间的几次喂奶，基本上可以保证母乳喂养；如果家远，可以事先将母乳储存好，由他人代喂，晚上回家后要坚持哺乳。

3 训练宝宝用奶瓶或小勺，自己不在家时，请他人帮忙喂。

4 准备好吸奶器及储奶用具，演练吸（挤）奶、储奶、解冻母乳及喂食过程。

挤奶方法为： 挤奶前，要先用肥皂把双手洗干净，将拇指放在乳头、乳晕上方，距乳头根部约2厘米处，食指放在并平贴在乳头、乳晕的下方，与拇指相对，其他手指托住乳房。挤时先将拇指和食指向胸部方向轻

压，感到触及肋骨为止，再相对轻挤乳头和乳晕下面的乳窦部位，进行有节奏的挤压运动，手指不要触及乳头，更不能挤乳头。

吸奶器的话，选购电动或手动的均可，有些吸奶器模仿宝贝吸奶的情形，吸奶效果好，还可以提高激素分泌量。另外，双泵全自动循环式抽取式吸奶器，便于工作时使用，比较节省时间，而且外形小巧，具有冷藏功能。

1 学会上班期间将奶吸出保存。

一方面将奶水吸出来，冷藏或冷冻起来备用，不必因为上班时宝宝吃不到母乳而烦恼，前提是一定要保证吸出的奶洁净、无菌；另一方面，在白天的工作期间，即使再忙也要设法保证每3个小时吸1次奶，可以有效地防止奶胀和泌乳量减少，使哺乳得以继续下去。

上班期间挤奶、保存奶还需要注意的细节：

用吸奶器吸奶每次一般需15分钟，加上清理的时间整个过程不超过20~25分钟，应尽量利用工作间歇，不要产生工作冲突。

找一间安静隐私的空间，如私人办公室，以免影响乳汁分泌，吸奶前要放松心情，可以喝一大杯温水或温果汁，还可看着宝宝的照片。

2 注意劳逸结合，保持良好的心情，合理安排饮食。

上班后仍要选择营养丰富的工作餐，多吃蔬菜，多喝水。注意不要喝含有酒精的饮料和咖啡、茶等。

1 乳汁挤出后，应立即装入已消过毒的干净奶瓶中或冷冻塑料袋里。不要把挤出的乳汁放进装有原先挤有乳汁的容器中。最好在奶瓶外面裹一层保鲜膜，有利于保鲜。

2 乳汁经过4℃以下冷藏，必须在12小时内喂完，要想保存1周左右，须采取冷冻。解冻后的母乳须在3小时内尽快食用，不宜再次冷冻。

3 在奶瓶或冷冻袋的外面贴好标签，详细注明时间，按时间的先后给宝宝食用。

4 不要使用微波炉解冻母乳，温度太高会破坏母乳中的免疫物质。可把容器放在盛有温水或凉水的盆里解冻；如果时间紧急，可用流动水冲。食用前要摇晃几下，因为奶水冻结后会产生分离。

5 如果单位没有冰箱，可以将奶放在保温杯中保存，里面用保鲜袋放上冰块，回家后放在冰箱。

如果宝宝饮食正常，生长发育良好也不需要常规补钙，建议满6个月后给宝宝查血微量元素，如果钙在正常范围也可以不补。

80后私密育儿

Part 5

养育4~5个月宝宝

身体发育标准

	女宝宝	男宝宝
身高	59.6~68.5厘米，平均64厘米	61.7~70.1厘米，平均65.9厘米
体重	6.4~8.8千克，平均6.9千克	6.7~9.3千克，平均8.0千克
头围	40.8~43.4厘米，平均42.1厘米	42~44.6厘米，平均43.3厘米

宝宝的
生长发育

这段时期的婴儿，眉眼等五官也"长开了"，脸色红润而光滑，变得更可爱了，此时的宝宝已逐渐成熟起来，显露出活泼、可爱的体态，身长、体重增长速度较前减慢。

出生5个月的宝宝，舌头上已经形成感觉味道作用的味蕾，也是味觉发育和功能完善最迅速的时期。宝宝对食物味道的任何变化，都会表现出非常敏锐的反应并留下"记忆"。因此，宝宝能比较明确而精细地区别出食物酸、甜、苦、辣等各种不同的味道。

同时，你可能会发现宝宝的床上散落了很多胎毛，因为宝宝后脑勺上的头发几乎已经脱尽，这个时期的宝宝，正是胎毛脱落时期，宝宝只有脱尽胎毛，才会有质感不同的新头发生成。如果已经添加辅食，要注意营养，也许宝宝很快就能长出一头乌黑浓密的黑发。

宝宝的营养

宝宝辅食添加的8个原则

给宝宝添加辅食要考虑到宝宝的月龄和消化适应能力，按照宝宝的发育规律进行。给宝宝添加辅食时，妈妈要遵循以下几个原则：

*1.不要操之过急

添加辅食，要按照月龄的大小和实际需要来，辅食添加是让宝宝渐渐转移主食的过程，这个过程不能操之过急，要循序渐进。

*2.从最容易被吸收的辅食开始

最先添加的辅食一定是婴儿容易接受和吸收的，等适应后再一种一种添加，如果不适应，就暂时停止，过几天再试。如果宝宝拒绝吃，也不要勉强，等几天再试，不要一开始就把宝宝弄烦了，让宝宝慢慢适应。

*3.不要在夏季开始添加

夏季宝宝食量减少，消化不良，不利于添加辅食。如果添加辅食宝宝不吃，应该等到天气凉爽些再添加，不必拘泥。

*4.要循序渐进

辅食添加要从少到多，从稀到稠，从细到粗，从软到硬，从泥到碎，逐步适应婴儿消化、吞咽、咀嚼能力的发育。

*5.在宝宝身心俱佳时添加新辅食

添加辅食要在宝宝身体健康、心情高兴的时候进行。当宝宝患有疾病时，不要添加从来没有吃过的辅食。

*6.注意不良反应

在添加辅食过程中，如果宝宝出现了腹泻、呕吐、厌食等情况，应该暂时停止添加，等到宝宝消化功能恢复，再重新开始，但数量和种类都要比原来减少，以后再慢慢逐渐增加。

*7.尊重宝宝的个性

如果宝宝一直不肯接受某种食物，妈妈也不必强求，再说并非此刻不吃就代表以后也不吃，可以换个方式或时间再喂，培养好习惯的同时也应尊重宝宝的个性。

*8.不要拘泥于书本

添加辅食，不要完全照搬书本，要根据具体的情况，灵活掌握，及时调整辅食的数量和品种，这是添加辅食中最值得注意的一点。

防止营养不当造成胖宝宝

对于小宝宝而言，不要过分限制热能的摄入，以免发生营养不良或神经系统发育不良，但是也不能刻意加大食量，以防止体重增加过快。

* 尊重宝宝的食量

宝宝的食量是具有家族遗传性的，有的宝宝食量比较小，想要人为改变也很困难，如果强迫宝宝进食，恐怕会事与愿违，造成宝宝厌食，引起食量进一步下降。

而有的宝宝生来食量就比较大，如果家长不注意控制，一味让宝宝加大食量，就容易让宝宝陷入病态的肥胖中。

对于宝宝的食量，家

长正确的做法应该是尊重他们，允许吃得少的宝宝保持自己的食量，关键是监测宝宝的身高、体重、头围等身体的发育情况是否在正常范围内，只要正常，就不会出现问题。

* 避免宝宝营养不当引起肥胖

对于人工喂养或者混合喂养的宝宝最好采用母乳化的配方奶粉，以免摄入过多的饱和脂肪。

不要过早、过多地给宝宝添加淀粉类谷物食物。有些宝宝从小食欲旺盛，做父母的担心小孩吃不饱，在2个月时就在奶中加入米粉等，

这样会影响蛋白质的摄入量，而且同时摄入较多的热量，容易使宝宝长得虚胖，但体质下降。

此外，宝宝在开始添加辅助食品的时候，也正是宝宝一生中膳食习惯养成的时期。此时父母的不良膳食习惯很容易被宝宝模仿，如不爱吃青菜、豆腐等清淡食品，爱吃甜食、油多味道浓厚的食物。这样的不良膳食习惯极易被小孩模仿，从而养成不良的饮食习惯。

* 已经发胖的宝宝怎样调整

对于已经发生肥胖的宝宝，应根据宝宝生长发育的实际情况，控制能量摄入量，要调节主要营养素蛋白质、脂肪、碳水化合物的比例，保持正常比例。

在控制能量摄入的同时，不能忽视各种维生素和矿物质的摄入，应当保证正常需要的营养素的摄入。平时可以多食用富含各种维生素和矿物质的水果、蔬菜、牛奶、鸡蛋、鱼等食物。

慎重对待市场上的婴儿辅食

市场上还有婴儿吃的小罐头、鸡肉松、鱼肉松等半成品。向5月龄的宝宝喂食这些半成品，并不是最好的辅食添加选择，妈妈自己做辅食，才是最佳选择。

一来，市场上的成品和半成品婴儿辅食需要格外注意安全问题。另外，5个月大的婴儿还很需要母爱，而市场上的婴儿辅食不能让妈妈体会到做辅食的乐趣，无法在辅食中融入感情，也就无法令宝宝体会到妈妈的爱意。

如果妈妈实在没有时间，可以等到第6个月，或半岁以后再给宝宝添加这些半成品婴儿辅食，4~5个月还是用奶类喂养宝宝，这是最安全的。因为如果辅食添加不当，容易导致宝宝腹泻，不仅达不到增加营养的目的，反会让宝宝丢失掉原有的营养，很不值得。

宝宝的护理

给宝宝选购一个理发器

如果宝宝是男孩，可以为宝宝选购1个宝宝用着安全的理发器。

这类理发器设计了储屑盒，可以收纳头发屑；带有静音设计的，方便在宝宝熟睡时使用；配有陶瓷刀头的可以修剪细软头发，而且使用更安全。

如果宝宝是女孩，偶尔使用1次可以向朋友借用或者用剪刀剪（尤其3岁以后宝宝有了性别意识，就不要把女宝宝的头发理得太短）。

购买理发器之前最好向用过的朋友咨询，或者要求商家演示其各种功能，尤其要考虑使用的安全性，用前的装配及用后的清洁是否方便。

给宝宝理发要注意什么

准备好理发工具，并熟悉使用程序后，妈妈就可以给宝宝理发了，理发时需要注意的是：

1 除非特殊需要，不要给3个月以内的宝宝理发。

2 使用前详细阅读说明书，特别是安全方面的注意事项，注意使用安全。用后收好，不要给宝宝当玩具。

3 妈妈在给低龄宝宝理发时，最好有他人帮助。如果宝宝哭闹，最好不要强迫他，等他安静下来或者睡着了再理。

4 宝宝理发没有特别的时间规定，可根据头发生长速度及性别不同，1~2个月理1次发。

有些妈妈希望给宝宝制作胎毛笔留作纪念，可以请理发师上门为宝宝理发。如果是请理发师给宝宝理发，要注意理发师是否经过宝宝头部护理及理发的双重培训，具有给宝宝理发的丰富经验。理发用具是否安全，而且理发前是否经过严格的消毒，以避免交叉感染。

宝宝晚上睡觉爱出汗正常吗

有些宝宝晚上睡觉时，尤其是在睡眠最深的时候，出汗非常多，宝宝睡觉出汗是很常见的。

因为宝宝白天活动量大，新陈代谢旺盛，神经系统也处于很高的兴奋状态。当他们晚上入睡后，由于神经系统功能发育还不完善，旺盛的新陈代谢和兴奋的神经不能相应地降下来，于是，大量的热能就以出汗的方式在短时间内释放出来，使宝宝在晚上睡觉时出汗多。

此外，宝宝体温调节机制还不完善，天气炎热、室温过高、穿衣过多或盖太厚的被子等原因也会导致出汗，一般刚睡时出汗最多，之后会渐渐减少。

但是，如果宝宝出汗过多，就可能意味着有什么地方不正常。

缺钙是宝宝睡觉出汗过多的一个可能。如果是缺钙导致宝宝出汗多，他同时也会伴随睡觉不踏实的现象。另外，宝宝睡觉出汗过多可能是先天性心脏病的征象，也可能是因为存在一些感染，或是睡觉时呼吸很费力，也会出汗。

当出现以上非正常情况时，妈妈要引起注意。

＊怎样改善宝宝睡觉出汗多的问题

1 室内保持适宜温度，房间应该是暖和但不热的，温度保持在大约18℃~22℃最佳。

2 不要穿太多衣服睡觉，不要使用包被，也不要盖毯子、厚被子或毛绒玩具。

妈妈应以自己的冷热感觉为宝宝做相应调整。如果你感觉热，宝宝也会有同感。如果你感觉温度适宜，宝宝穿得也不多，可是在熟睡时依然出汗很多，建议妈妈咨询一下医生。

宝宝的
成长测评

宝宝能力发展综述

肢体运动：5个月的宝宝，腿部力量明显增强。如果大人扶着他，可以在床上或大人腿上不断跳动或静止站立2秒钟以上。靠着能坐稳，俯卧时在前臂的支撑下能抬胸，能翻身。

手的抓握能力也有显著的提高，手眼逐渐协调，伸手抓物从不准确到准确，能拍、摇、敲玩具，还能两手分工，一手拿一样。把布蒙在他脸上，他会自己拉掉。

语言能力：此时的宝宝会在看到熟悉的人时，出声对其打招呼或呼唤，让别人注意到他。另外，在高兴的时候，会模仿大人发声，除"哦""啊"之外，会发出重复、连续的音节，如"ba-ba"或"ma-ma"，进入咿呀学语阶段。

视觉、听觉：宝宝长到5个月时，眨眼的次数有所增加。能够比较准确地判断物体的远近距离，可以准确地拿到身边的玩具，并送到眼前玩耍。能够很准确地确定声音的来源，当别人叫他的时候可以迅速地把头转到此人所在的方向。

嗅觉、味觉：宝宝在辅食添加的过程中，味觉发育越来越敏感，会坚决拒绝他不喜欢的食物。

情商：宝宝此时已能分辨出熟悉人和陌生人，会主动地亲近父母。当看到陌生人时，有可能害怕并啼哭，会把胳膊伸向父母，要求抱抱。如果他正在玩的玩具被强行拿走，会大哭表示不满，直到再给他玩具才会停止哭泣，不过他并分不清这个玩具是不是之前被抢走的玩具。

宝宝潜能提升方案

* 大动作能力发展提升

1. 直立

游戏功效：可促进平衡感知觉的协调发展。

操作方法：妈妈两手扶着宝宝腋下，让他站在你的大腿上，保持直立的姿势，并扶着宝宝双腿跳动，每日反复练习几次。

2. 靠坐

游戏功效：训练宝宝的身体平衡性。

操作方法：将宝宝放在有扶手的沙发上，让宝宝靠坐着玩，或者妈妈给予一定的支撑，让宝宝练习坐，支撑力量可逐渐减少，每日可

连续数次，每次10分钟。

3. 翻身

游戏功效：能让宝宝的翻身动作更加灵活，使全身协调发展。

操作方法：继续用玩具逗引，使之能左右翻身，从仰卧转成俯卧。

4. 匍行

游戏功效：能促进宝宝身体和骨骼的生长发育，提高宝宝的智力。

操作方法：让胸部离床，上身体重落在手上。有时宝宝双腿也离开床铺，身体以腹部为支点在床上打转。用手抵住宝宝的足底，用玩具在前面引诱，宝宝会用上肢和腹部开始匍行。

* 精细动作能力发展提升

1. 伸手抓握

游戏功效：训练宝宝双手的协调性。

操作方法：将宝宝抱成坐位，面前放一些彩色的小气球等物品，物品可从大到小。开始训练时，物品放置于宝宝一伸手即可抓到的地方，慢慢地移至远一点的地方，让宝宝伸手抓握，再给第二个让他抓握。观察宝宝是否会把物品传给另一只手。

2. 手指的运动

游戏功效：让宝宝的手指更灵活。

操作方法：把一些带响的玩具(要易于宝宝抓握)放在宝宝面前。首先让他发现，再引导他用手去抓握玩具，并在手中摆弄。然后除继续训练其敲和摇的动作外，再训练宝宝做推、捡等动作，观察拇指和其他四指是否在相对的方向。

＊语言能力发展提升

1. 模仿发音

游戏功效：训练宝宝的语言模仿能力，让宝宝享受发音的乐趣，练习发音。

操作方法：妈妈与宝宝面对面，用愉快的口气与表情发出"wu–wu""ma–ma""ba–ba"等重复音节，逗引宝宝注视你的口形，每发一个重复音节应停顿一下，给宝宝模仿的机会。接着妈妈手拿个球，问他"球在哪儿"时，把球递到宝宝手里，让他亲自摸一摸，玩一玩，告诉他："这是球——球。"边说，边触摸、注视、指认，每日数次。

2. 听到名字做出反应

游戏功效：让宝宝熟悉自己名字的发音。

操作方法：宝宝早就能听到声音回头去看，但是能否理解那就是自己的名字，此时可以进一步观察。带宝宝去街心公园或有其他宝宝的地方，父母可先说其他小朋友的名字，看看宝宝有无反应，然后再说宝宝的名字，看他是否有反应。平常要多叫他的名字。

＊适应能力发展提升

1. 寻找失落玩具

游戏功效：使宝宝学会转移注意力。

操作方法：将带响的玩具从宝宝眼前落地，发出声音，看看他是否用眼睛追随，伸头转身寻找。如果能随声追寻，可继续用不发声的绒毛玩具落地，看看其能否追寻，如果追寻就将玩具捡起来给他，以示鼓励。

2. 从看到指

游戏功效：促进宝宝手、眼、脑的协调发展。

操作方法：鼓励宝宝在听到物名后不但用眼睛看，而且要扶着宝宝的手去指，去触摸。指认物名是练习听声音与物品的联系，记住学过的东西。要经过逐件物品反复温习才能记牢。

3. 找铃铛

游戏功效：训练宝宝的认识能力。

操作方法：妈妈轻轻地摇着小铃铛，先引起宝宝的注意，然后走到宝宝视线以外的地方，在身体一侧摇响铃铛，同时问他"铃在哪儿呢"，逗他去寻找。当宝宝头转向响声，大人再把铃摇响，给他听和看，让他高兴。然后当着他的面把铃铛塞入被窝内，露出部分铃铛，再问"铃在哪儿呢"，宝宝会看着或指向被窝。

＊生活自理能力发展提升

1. 自喂饼干

游戏功效：可以练习宝宝手指的紧攥力。

操作方法：妈妈给宝宝一块软的能攥住的饼干，笑着对他说："宝宝吃饼干啦。"并帮他把饼干移到嘴边放入口中，让小孩将饼干咀嚼后咽下。

可以让洗净手的宝宝自己用手的拇指和食指捏小馒头或手指饼干吃，妈妈要先做示范给宝宝看。

＊社交行为能力发展提升

1. 照镜子

游戏功效：培养宝宝的视听能力和感知能力，发展宝宝的抽象思维。

操作方法：继续玩照镜子的游戏。和妈妈同时照镜子，看镜子里母子的五官和表情来逗引宝宝发出笑声。还可做其他简单的游戏。注意反复和小孩玩"藏猫猫"游戏，鼓励他在拉开毛巾时发出"喵"的声音。

2. 表情反应

游戏功效：使宝宝认识喜、怒、哀、乐的表情。

操作方法：妈妈继续训练宝宝分辨面部表情，让宝宝和你一起做惊讶、害怕、生气和高兴等表情的游戏。

3. 举高放低

游戏功效：建立父亲和宝宝之间的亲密关系，激发宝宝的愉快情绪。

操作方法：宝宝喜欢让爸爸"举高"，然后再"放低"，爸爸要一面举一面说出来，以后每当爸爸说"举高"时，宝宝会将身体向上做相应的准备。

在举起和放下动作时，要将宝宝扶稳，千万不要做抛起和接住的动作，以免失手让宝宝受惊或受伤。

宝宝的
游戏时间

可爱的爬爬虫

锻炼宝宝协调能力
难易程度：★★★

*游戏前的准备工作

将宝宝放置在较硬的床上或较软的地板上。

*游戏技巧

让宝宝趴着，妈妈站在宝宝身后并把手放在宝宝的脚掌上。

宝宝的脚触及到妈妈的手时，会通过蹬妈妈的手借力向前移动。

妈妈也可以轻轻推宝宝一下，同时说：

"小脚丫推一推，小脚丫推一推，妈妈推推好宝宝。"

*游戏的好处

扭动、爬行帮助宝宝大脑形成突触来控制将来整体运动技能的发展。

妈妈和宝宝间的互动游戏可以挖掘宝宝的情商潜能，为宝宝将来承受压力和挫折、应付更加复杂的社会关系做好准备。

*专家面对面

活动的环境一定要清洁，要事先检查床上、地板上有没有会对宝宝造成伤害的物品，以免宝宝误食，造成危害。

妈妈在后面推，爸爸可以在前面鼓励宝宝。手里可以拿着一个玩具，作为给宝宝的奖励，成就感会让宝宝乐此不疲。

翻越障碍的小勇士

* 游戏前的准备工作

准备枕头、坐垫、毛绒玩具。

* 游戏技巧

使宝宝俯卧在床上，在宝宝面前堆放一些枕头、坐垫、软垫或毛绒玩具等，妈妈一边呼唤宝宝，一边鼓励宝宝爬过来找妈妈。

爸爸用双手掌抵住宝宝脚心向前推，或用一条毛巾放在他的腹下，然后提起宝宝的腹部，让宝宝学着手膝爬行去越过障碍物，"爬"到妈妈身边，并且用语言鼓励他。

宝宝找到妈妈后，要表示赞赏，让宝宝有一种成就感。

* 游戏的好处

爬行是一种极好的全身运动，它能促进宝宝身体的生长发育。宝宝在爬行的过程中，头颈抬起，胸腹离地，用四肢支撑身体的重量，这就锻炼了胸腹背与四肢的肌肉，并可促进骨骼的生长，为日后的站立与行走创造了良好的基础。

成长环境决定人的情感承受能力，让宝宝反复地面对压力会使大脑产生控制恐惧感的连接，这能够培养宝宝的超凡毅力。

* 专家面对面

对宝宝来说，最不好的一件事就是置之不理，当不被理会时，宝宝的脑就好像在休眠，等于失去了成长的机会。因此，让宝宝多动、多看、多听才有助于脑力的开发。要知道，对宝宝而言，最亲近又容易听得懂的声音还是爸爸、妈妈的声音。

小方法让宝宝爱上吃辅食

一些宝宝已经可以吃辅食了，80后妈妈也多数重新开始工作，工作一忙就不太有时间去观察和总结宝宝的辅食问题。万一碰上宝宝不爱吃这不爱吃那时，一时也很难找到好的应对方法。对此，我们总结出了辅食添加的小诀窍，希望和各位妈妈共享：

* 示范如何咀嚼食物

有些宝宝因为不习惯咀嚼，会用舌头将食物往外推，妈妈在这时要给宝宝示范如何咀嚼食物并且吞下去。可以放慢速度多试几次，让他有更多的学习机会。

* 不要喂太多或太快

按宝宝的食量喂食，速度不要太快，喂完食物后，应让宝宝休息一下，不要有剧烈的活动，也不要马上喂奶。

* 品尝各种新口味

饮食富于变化能刺激宝宝的食欲。在宝宝原本喜欢的食物中加入新食材，分量和种类由少到多。逐渐增加辅食种类，让宝宝养成不挑食的好习惯。宝宝讨厌某种食物，妈妈应在烹调方式上多换花样。宝宝长牙后喜欢咬有嚼感的食物，不妨在这时把水果泥改成水果片。食物也要注意色彩搭配，以激起宝宝的食欲，但口味不宜太浓。

* 重视宝宝的独立心

半岁之后，宝宝渐渐有了独立心，会想自己动手吃饭，家长可以鼓励宝宝自己拿汤匙进食，也可烹制易于手拿的食物，满足宝宝的欲望，让他觉得吃饭是件有成就感的事，食欲也会更加旺盛。

* 准备一套儿童餐具

大碗盛满食物会使宝宝产生压迫感而影响食欲；尖锐易破的餐具也不宜使用，以免发生意外。儿童餐具有可爱的图案、鲜艳的颜色，可以促进宝宝的食欲。

* 不要逼迫宝宝进食

若宝宝到吃饭时间还不觉得饿，不要硬让他吃。常逼迫宝宝进食，会让他产生排斥心理。

* 不要在宝宝面前品评食物

宝宝会模仿大人的行为，所以妈妈不应该在宝宝面前挑食及品评食物的好坏，以免养成他偏食的习惯。

婆媳育儿过招

宝宝便秘用肥皂还是用开塞露

* 婆婆有话说：肥皂有理

街坊邻里们都说宝宝便秘用肥皂有效果，以前在医院里还听大夫介绍这个方子，又是偏方，肯定管用。

* 媳妇有话说：开塞露有理

肥皂多刺激呀，宝宝娇弱的皮肤怎么承受得了，再说肥皂塞进去了万一拉不出来怎么办。开塞露又方便又安全，而且也有宝宝专用的，宝宝便秘用开塞露更好。

育儿一点诀

给宝宝使用开塞露时，要将管口处毛刺修光滑，并先挤出少许药液滑润管口，以免刺伤宝宝肛门。使用肥皂时应洗净双手，将肥皂削成长约3厘米、铅笔粗细的圆锥形肥皂条，用少许水润湿后缓缓插入宝宝的肛门内。

这是个公说公有理婆说婆有理的问题，双方都有道理，但是这两种方法都不能给宝宝长期使用，只能作为应急之用。

如果宝宝不是经常便秘，只是偶尔便秘，只需要调整饮食结构和活动即可，不必使用肥皂或开塞露。平时多给宝宝喝点白开水，帮助肠胃蠕动，多添加蔬果类辅食；平时多让宝宝爬动，经常给宝宝按摩肚子；平时应保持宝宝肛门清洁，常用温水清洗。

如果宝宝大便十分费力，难以排出，可以考虑用肥皂条或开塞露，由于肥皂条不好削，也不好控制，建议年轻妈妈使用开塞露，或到医院请医生处理，顺便查看是否由于疾病引起便秘。千万不要随便给孩子服用泻药。

要注意的是，无论是肥皂条还是开塞露，都不可长期使用，否则宝宝会形成依赖，而且很难改正。

80
后亲密育儿

Part 6

养育5~6个月宝宝

身体发育标准

	女宝宝	男宝宝
身高	61.2~70.3厘米，平均65.7厘米	63.3~71.9厘米，平均67.8厘米
体重	6.5~9.3千克，平均7.3千克	7.1~9.8千克，平均7.9千克
头围	41.8~44.4厘米，平均43.1厘米	43~45.4厘米，平均44.2厘米

宝宝的生长发育

半年来，宝宝的身体变化特别大，神经系统日趋成熟。

此时的宝宝差不多已经开始长乳牙了，常是最先长出两颗下中切牙（下门牙），然后长出上中切牙（上门牙），再长出上侧切牙。他从刚出生时的小老头变成现在白白胖胖的小宝贝，让人看在眼里、喜在心头。

宝宝的营养

宝宝奶量变化不大，并非厌食

在第6个月，宝宝的奶量与上个月差别不大，一般不会出现大的变化。如果家长认为随着月龄的增加，宝宝的食量这个月也一定会增大，当看到宝宝的奶量并没有增加，甚至略有降低时，就往往会担心宝宝是厌食，其实，这是不对的。

有的宝宝一出生食量就比较小，这个月他们依然吃得少，每天他的奶量甚至不足1000毫升，这是正常的，还是要向妈妈强调一点，宝宝的食物是否充足，营养是否达标，关键要看发育是否正常，只要宝宝在正常范围内即可。

当然，如果宝宝低于或超过标准范围太多，则需要向医生咨询，做进一步的检查，找出原因。

育儿一点诀

从心理学来讲，宝宝在2岁之前属于口欲期。通过嘴巴的满足，来认识这个世界，这才能让他具有一定的安全感。所以，妈妈要尊重宝宝的进食意志，不要强制他进食。

开始添加肉泥、鱼泥、肝泥

从第6个月起，宝宝身体需要更多的营养物质和微量元素。母乳已经逐渐不能完全满足宝宝生长的需要，所以，依次添加其他食品越来越重要。除了之前添加的几种辅食之外，这个阶段的宝宝还可以开始吃些肉泥、鱼泥、肝泥。

肉泥、肝泥和鱼泥的制作方法

肉泥：将肉洗净剁碎，加少量水煮烂，捣成泥状，可加少许盐或调料煮，用小勺喂食，或放入煮烂的粥、面条中混合喂食。

肝泥：将猪肝剁碎，放少许水煮烂，捣成泥状。可加少许盐或调料煮，用小勺喂食，或放入煮烂的粥、面条中混合喂食。

鱼泥：将收拾干净的鱼放入开水中，煮后剥去鱼皮，除去鱼刺后把鱼肉研碎，用干净的布包起来，挤去水分。将鱼肉放入锅内，加入白糖、精盐搅匀，再加入开水（100克净鱼肉加200克开水），直至将鱼肉煮软即成。

宝宝的辅食食谱

* 鸡肝糊

鸡肝15克放入沸水中去掉血水，再煮10分钟，取出剥去外衣，放容器内研碎备用；鸡架汤150毫升放入小锅内，加入研碎的鸡肝，煮成糊状，搅匀即成。

* 豌豆糊

将豌豆2大匙炖烂，并捣碎；

将捣碎的豌豆过滤一遍，与肉汤2大匙和在一起搅匀。

* 白菜肉汤糊

将白菜叶1/8片切好，加入肉汤3大匙同煮；将煮烂的白菜叶捣碎，放入锅中倒入调好的淀粉糊煮，至黏稠时即成。

* 蔬菜肉末

将猪肉50克洗净切碎；葱头100克剥去外皮切碎；胡萝卜50克洗净切碎；西红柿50克用开水烫一下，剥去皮切碎；菠菜25克择洗干净，切碎备用；把切碎的猪肉、葱、胡萝卜放入锅内加肉汤适量煮熟，最后加入西红柿、菠菜，继续煮片刻即成。

宝宝的护理

给宝宝买辆小推车

对于宝宝来说，婴儿小推车是很基本的设备，可以方便地带宝宝出行，建议爸爸妈妈根据自己的实际需要去购买合适的婴儿车。

1 先买一辆较大的普通推车，这样不仅很小的宝宝能用，2~3岁以后还可以用。

2 大轮子具有较佳的操控性，一般要求前轮有定向装置，后轮设有刹车装置，配有安全简易的安全带、遮阳或遮雨的顶篷，还要注意把手的高度是否适合。

3 产品要有安全认证标志，不要有可触及的尖角、毛刺、锐边，以免划伤宝宝的皮肤；金属焊接的地方，表面应平整，没有裂缝、烧穿或未焊透等缺陷；组装好的推车，应结构牢固，各种转动部件应运转灵活；刹车功能可靠；关节折转处不会夹住宝宝好奇的小手指。

4 可选用二手产品，但要注意推车的锁紧机构和保险装置是否齐全和可靠；使用前要将布套拆下，清洗、消毒。

> **育儿一点诀**
>
> 小推车最好不要让别人送，除非可以自己去挑选，也不要买小推车送给别人。因为合适的小推车需要家长根据实际情况决定。另外，1岁以内的宝宝适合使用既能睡又能坐的两用推车。

怎样使用宝宝推车

使用小推车要注意安全，也要善加利用小推车的长处：

1 在使用推车时，妈妈尽量不要离开推车，以防意外。

2 宝宝满月以后，就可以经常到户外活动，接受日光浴、空气浴，带他观看周围的景物，看其他宝宝玩耍。这些不断变化的景物对宝宝的视觉、听觉等感官发育都是很好的刺激。

3 不要长时间推着宝宝在车辆川流不息的马路旁行走，汽车排放的尾气中含有有害物质，对宝宝健康危害极大。

4 在童车的上方和四周悬挂鲜艳的各种图案和玩具，锻炼宝宝的视觉想象。

给宝宝用安抚奶嘴好不好

安抚奶嘴就是空奶嘴，是宝宝重要的娱乐工具之一，很多父母可能已经有这样的经验：当孩子哭闹的时候，把安抚奶嘴放进他的嘴里，宝宝立刻就停止哭闹，一心一意啃起了奶嘴。

大概6~7个月的时候，宝宝会形成习惯性地吮吸安抚奶嘴或者手指的倾向，这能让宝宝变得平静。相对于吸手指而言，安抚奶嘴更卫生，也同样可以安抚宝宝的情绪，而且还能帮助宝宝学习鼻呼吸。

但是，安抚奶嘴有利有弊，吮吸安抚奶嘴的缺点是，如果吮吸得太用力，就会影响到耳膜，从而导致宝宝患上中耳炎。因此曾患中耳炎的宝宝绝对不能吮吸安抚奶嘴，牙齿长出来以后也不要继续使用安抚奶嘴，否则，会使牙齿的排列参差不齐。

必要时可以给宝宝使用安抚奶嘴，但是在使用时，要注意几点：

1 在新生儿学会适当的吸吮母乳之前，不要使用奶嘴。因为吸乳头和吸奶嘴（包括奶瓶）是不同的肌肉机制。太早引入奶嘴，会造成宝宝混淆，干扰孩子学习正确的咬合技巧，让哺乳无法成功。

2 不要动辄给孩子安抚奶嘴。安抚奶嘴是父母照顾孩子的辅助品而非替代品。当宝宝吵闹不安时，父母应先留意孩子吵闹的时段和情境，试着解读他的需要：是饿了、困了，还是要大人抱，然后再决定是否给他安抚奶嘴。有的父母一听到孩子哭，就塞进奶嘴让他闭嘴，这对孩子和大人而言都是坏习惯。

3 使用安抚奶嘴一定要注意卫生。避免将细菌带入宝宝的口腔，造成宝宝身体不适。

4 长期使用安抚奶嘴可能会造成咬合不正，因此使用安抚奶嘴时间不能过长。一般情况下，孩子1岁时就该开始戒了，最晚不能超过4岁，否则孩子下颚骨骼定型以后，要矫正牙床就要费很大功夫了。

宝宝的成长测评

宝宝能力发展综述

肢体运动：宝宝长到6个月时，如果把他扶起来，他能把手放在身前，支撑着床坐一会儿，如果后背有依靠，就可以较稳当地坐着，自己能够迅速熟练地由仰卧位翻到俯卧位，并抬高臀部试图爬行。手能做准确的动作，如果把毛巾遮在他脸上，他可以迅速准确地拿开，还能把玩具从一只手里倒到另一只里。头颈部可以自由随意地活动，仰卧时，经常会把脚塞到嘴里吮吸。

语言能力：宝宝此时与人说话的欲望特别强烈，可以发出的音节也更加丰富，而且会把某些音节连起来说。父母可以缓慢连贯地跟宝宝说一些话让宝宝学习。在父母唱儿歌时会做出一种熟知的动作。

视觉、听觉：随着头部的自如转动，此时的宝宝视野有了很大的扩展，接受的视觉刺激更多。听觉灵敏度也非常高了，已经接近成人，而且能记住声音，哭闹时，即使没见到妈妈的人，只听到妈妈的声音也会变得安静。当听到特别的声音如小狗叫，会到处寻找。当听到音乐时，会随着音乐晃动四肢，虽然动作节奏不一定协调，但宝宝会非常兴奋。

嗅觉、味觉：宝宝辅食添加的种类越来越多，口味偏好也越来越明显，可能会与父母的口味一致，喜欢某些口味，而坚决拒绝某些口味。

情商：6个月是宝宝最爱交际的时候，会主动对别人咿呀说话，人多的时候，兴奋程度明显提高。照镜子时会笑，用手摸镜中的人。能够知道自己的名字，听到叫他的名字会有反应。记忆力也有明显的进步，如果玩具掉落了，会四处寻找。看到喜爱的人或玩具会手舞足蹈，而看到陌生人尤其是陌生的男人会表现出害怕的样子并藏在妈妈的怀里。

这个阶段是宝宝自尊心形成的非常时期，所以父母要引起足够的关注，对宝宝适时给予鼓励，从而使宝宝建立起良好的自信心。

宝宝潜能提升方案

＊大动作能力发展提升

1. 独坐

游戏功效：训练宝宝的大动作能力和身体的平衡性，有的宝宝要到7个月或以上才能坐稳。

操作方法：靠坐的基础上让宝宝练习独坐，妈妈可先给予一定的支撑，以后逐渐撤去支撑物或首先让宝宝靠坐，待坐得较稳后，再逐渐离开靠背。

2. 匍行

游戏功效：训练宝宝四肢的肌肉运动能力。

操作方法：用玩具逗引帮助宝宝练习匍行，妈妈可把手放在宝宝的脚底，帮助他向前匍行，以后逐渐用手或毛巾提起宝宝的腹部，使身体重量落在手和膝上，以便他向前匍行。

3. 体操

游戏功效：为宝宝学步做好准备。

操作方法：做宝宝操，主要练习扶站，练习下肢和匍行、准备走的站立，但时间不超过1分钟。

4. 翻身

游戏功效：训练宝宝的大动作能力，使宝宝全身的灵活性增强。

操作方法：学习由仰卧翻至侧卧，然后再翻至俯卧。可将玩具放在宝宝的体侧伸手够不着处，宝宝为够取玩具先侧翻，伸手使劲儿也够不着时，全身再使劲儿就会变成俯卧。

1. 够取小物体

游戏功效：使宝宝手指的精细动作能力加强。

操作方法：继续练习够取物体，物体要从大逐渐到小，从近逐渐到远，让宝宝练习从满手抓到拇指、食指抓取。

2. 扔掉再拿

游戏功效：训练宝宝的双手协调性和灵活性。

操作方法：让宝宝坐着，给他一些能抓住的小玩具，如小积木、小塑料玩具等。先让宝宝两手均抓住玩具（一件一件地给），然后再给宝宝新的玩具，他会扔下手中的一个，再拿起另外的一个。

3. 选择物体

游戏功效：以此建立"比较""分类"的数概念。

操作方法：可同时给宝宝2~3件种类相同但形状或颜色不同的玩具，让宝宝进行选择。

4. 玩具倒手

游戏功效：反复练习，宝宝就会飞跃到"玩具倒手"。

操作方法：在和宝宝玩玩具时有意识地连续向一只手递玩具或食物，妈妈示范让宝宝将手中的东西从一只手传到另一只手。

1. 模仿发音

游戏功效：6个月时有的宝宝能发出4~5个辅音。

操作方法：妈妈经常发出各种简单辅音，例如ba-ba、ma-ma、wa-wa等，说名字时要指给他看，让宝宝模仿发音，别对宝宝说个不停，给他时间反应，记录宝宝能发辅音的数目。

2. 听声辨别人物

游戏功效：训练宝宝的观察力、注意力。

操作方法：当爸爸回家时妈妈说"爸爸回来了"，宝宝马上朝门的方向转头看爸爸。宝宝在父亲的怀中听说"妈妈"时马上朝妈妈看，并且要妈妈抱。

3. 听声拿玩具

游戏功效：形象玩具在此时能促进听力的发展，并能训练宝宝对语言指令的执行能力。

操作方法：能在听到"娃娃"时拿出娃娃，听到"大象"时拿取大象。

4. 听儿歌做动作

游戏功效：以后凡是念到"也要去"时，宝宝会自己将身体按节拍向后倾倒。

操作方法：让宝宝面对着妈妈坐在妈妈的膝上，妈妈拉住宝宝的小手边念边摇：

"拉大锯，扯大锯，外婆家，唱大戏。妈妈去，爸爸去，小宝宝，也要去!"

到最后一个字时将手一松，让宝宝身体向后倾斜。

1. 自喂食品

游戏功效：培养宝宝独立的人格特质。

操作方法：继续练习让宝宝自己拿着东西吃，如饼干、虾酥条等。

* 适应能力发展提升

1. 扩大交往范围

游戏功效：消除宝宝的怯生和恐惧心理，能开发智力、促进宝宝的语言发展。

操作方法：这个时期的宝宝喜欢接近熟悉的人，能分出家里人和陌生人。要经常抱宝宝到邻居家去串门或抱他到街上去散步，让他多接触人，为宝宝提供与人交往的环境。

2. 以哭表示反抗

游戏功效：使宝宝的认知产生飞跃。

操作方法：当宝宝对不满的事物以哭声来反抗的时候，妈妈可以柔声地安抚并找到宝宝哭泣的原因，让宝宝止住哭泣。

1. 伸双臂求抱

游戏功效：培养宝宝的社交能力，促进宝宝语言发育。

操作方法：要利用各种形式引起宝宝求抱的愿望，如抱他上街、找妈妈、拿玩具等。抱宝宝前，须向宝宝伸出双臂，说："抱抱好不好？"鼓励他将双臂伸向你。

2. 照镜子

游戏功效：培养宝宝的认识能力。

操作方法：继续照镜子玩，让他拍打、捕捉镜中人影，用手指着他的脸反复叫他的名字。再指着他的五官（不要指镜中的五官）及小手、小脚，让他认识。

3. 藏猫猫

游戏功效：这个游戏是古今中外宝宝开发智力的游戏，能训练宝宝的观察力和注意力。

操作方法：宝宝喜欢同大人玩"藏猫猫"，他喜欢逗大人玩，直到2岁兴趣仍不减。

宝宝的
游戏时间

打滚的·小球球

锻炼宝宝协调能力
难易程度：★★★

＊游戏前的准备工作

平坦的大床或铺在地上的软垫子。

＊游戏技巧

妈妈和宝宝一同仰卧在床上，妈妈翻身，示范给宝宝看。

引导宝宝和自己一起翻身，边翻身边念儿歌："骨碌骨碌滚一滚，滚一滚，滚出一个小球球"（说到"小球球"时，抱一下宝宝）。

帮助宝宝学习按照节律翻身，妈妈念儿歌，每念一句，就翻一次身，让宝宝跟着妈妈做。

＊游戏的好处

帮助宝宝翻身有助于胸部和手臂肌肉的发育，这个有趣的游戏会帮助宝宝学会滚动。

＊专家面对面

宝宝对周围的环境充满了好奇，在学会爬之前，会采取其他移动身体的办法，如翻身打滚等，爸爸妈妈应该鼓励支持和帮助，千万不要制止宝宝的探询欲望。爸爸可以给宝宝示范一些如前滚翻、后滚翻的动作，激发宝宝的运动兴趣。

蹬车旅行

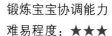

＊游戏前的准备工作

换完尿布或洗澡后，宝宝心情好时。

＊游戏技巧

让宝宝仰卧，妈妈用两手轻轻地抓住宝宝的双脚，不要太用力，让宝宝的脚像蹬自行车一样活动。

注视宝宝的眼睛，并说："宝宝蹬车车玩去喽。"

＊游戏的好处

根据宝宝成长的不同阶段，有意识地锻炼宝宝，以提高他的运动智能。游戏可以为宝宝提供大量的动作经验，协助宝宝全面性地发展与生俱来的肢体运动能力。

＊专家面对面

换尿布后，宝宝的心情会很好，这时可用游戏来延长这个好心情。特别是洗澡后，可为宝宝全身抹上乳液或婴儿油，一边游戏一边为宝宝轻轻地按摩，效果更好。

80后妈妈
育儿经

怎样做个省钱不"省事"的育儿潮妈

宝宝降临后，家庭的开支比孕期更甚了。虽说80后妈妈在给宝宝的投资上很是舍得，但毕竟赚钱不易。妈妈们也一定想过如何开源节流的问题，怎样做一个精明而新潮的妈妈，既会省钱又不亏待宝宝呢？

下面我们给妈妈们支几招，有很多是过来人的经验，希望对妈妈们有启发：

* 物品置换

宝宝的消费品多具有"短暂性"的特点，最好、最新的物品也很快就用不上了，可以放到网上去和别人换有用的东西，或者也可以卖给别人，同时也可以在网上用别的东西换一些大件婴儿用品、童车、婴儿床、大件玩具等。

亲朋好友送的新礼物可以勇敢地索取销售凭证。如果不需要的话可以到商店去换自己需要的商品。

* 网上淘货

在网上购买要比到商场里买便宜很多。一般婴儿尺码大小差别不大，比大人更好买到合适的东西，可以有选择性地在网上淘宝宝用品。

* 不要囤货

我们很容易被商场里漂亮、可爱的商品吸引，不知不觉买很多。宝宝用品是不用囤积的。除了一些日常消耗品如奶粉、纸尿裤外，建议只买最需要的，不然很容易浪费。

* 发挥DIY的精神

手巧的妈妈可以DIY宝宝的衣物、尿布、用品，不仅省钱还很享受。有另类创意的妈妈，可以DIY商品，例如用普通奶瓶搭配好奶嘴，让性价比上一个台阶。

* 关心一下赠品

奶粉厂家经常会与超市、医院等机构合作，进行讲座或促销活动，其间会有小礼品赠送，还有很优惠的买赠活动。如果有你感兴趣的奶粉品牌，不妨去参加，拿到一些赠品。

* 团购打折

育儿论坛或淘宝网上经常会有妈妈们的团购活动，能用比市场价优惠很多的价钱买到同样品质的物品，妈妈们上网时可以多关注。

另外，如果有当妈妈的朋友或邻居，也可以一起到商店或批发市场团购，价格也会便宜不少。

婆媳 育儿过招

宝宝睡觉开灯好还是关灯好

* 婆婆有话说：开灯有理

　　孩子怕黑，所以晚上会睡不安稳。而睡不好，肯定会影响生长发育的。睡觉时开盏灯，让他放心。

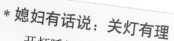

* 媳妇有话说：关灯有理

　　开灯睡只会让宝宝越来越怕黑，越来越胆小，而且书上说，如果宝宝晚上开着灯睡觉影响发育，还有可能影响视力。

* 专家面对面：

　　宝宝的视力与2岁前的睡觉光源亮度有相当密切的关联性，2岁前若是睡在黑暗房间，近视比例是10%；2岁前若是睡在小夜灯的房间中，近视比例是34%；2岁前若是睡在开着大灯的房间中，近视比例高达55%。

　　此外，过度的灯光刺激还有可能引起儿童性早熟。另外，还要避免长时间电脑显示屏的光照刺激，避免由此引发性早熟。

　　如果没有特殊的情况，最好不要开灯，新生宝宝经常需要夜起照顾时，可以在房间安置一盏柔弱的小夜灯，晚上不必喂奶后可关灯睡觉。

　　如果宝宝胆小不适应，可在走廊上开灯增加卧室亮度，卧室里的灯具应选择光线柔和、亮度较弱的，灯和床之间应有一段距离，不能直射孩子的眼睛。

80 后亲密育儿

Part 7

养育6~7个月宝宝

身体发育标准

	女宝宝	男宝宝
身高	62.7~71.9厘米，平均67.3厘米	64.8~73.5厘米，平均69.2厘米
体重	6.8~9.8千克，平均7.6千克	7.4~10.3千克，平均8.3千克
头围	41.3~44.9厘米，平均43.6厘米	43.6~46厘米，平均44.8厘米

宝宝的
生长发育

　　这个时期的宝宝，身体发育开始趋于平缓。如果下面中间的两个门牙还没有长出，这个月也许就会长出来。如果已经长出来，上面当中的两个门牙也许很快就长出来了。

　　宝宝长牙时，会咬手指、玩具、衣被，可以适当吃磨牙食物，比如磨牙饼干；可以让宝宝少坐多爬，不给他机会咬手指；经常给宝宝添加辅食的家长不要口对口喂宝宝食物，因为大人的唾液常带有细菌和病毒。

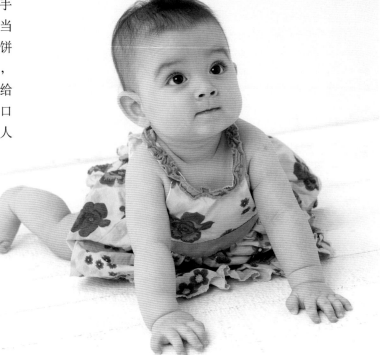

宝宝的营养

开始添加固体食物

宝宝口腔唾液淀粉酶的分泌功能日趋完善，神经系统和肌肉控制等发育已较为成熟，而且舌头的排解反应消失，可以掌握吞咽动作，表示这个月龄的宝宝消化能力又比以前强了，而且唾液能将固体食物泡软而有利于宝宝下咽。

再加上这个时候的宝宝大部分长有2颗牙，咀嚼能力提高了，可以吃一些固体食物。并且此时宝宝手已经可以抓住食物往嘴里塞，虽然掉的食物比吃进嘴里的要多，这时正是给宝宝吃条形饼干、条形面包或馒头干的时机。

妈妈需要逐一加以训练，使宝宝养成吃固体食物的习惯。因为此期宝宝乳牙萌出逐渐增多，要逐渐增加固体辅助食品，这样可以训练宝宝咀嚼动作、咀嚼能力，并且可以通过咀嚼刺激唾液分泌，促进牙齿的生长。

宝宝从吸吮乳汁到用碗、勺吃半流质食物，直到咀嚼固体食物。食物的质和饮食行为都在变化，这对宝宝提高食欲是大有益处的，同时对宝宝掌握吃的本领也是个学习和适应的过程。

多给宝宝喂食含铁食物

宝宝6个月的时候最容易出现贫血，之所以发生贫血，在很大程度上是因为铁元素的缺乏。婴儿缺铁，容易出现缺铁性贫血，对宝宝生长发育影响很大，所以从5个月开始就应让宝宝多吃动物肝和蛋黄等含铁丰富的食物。

不宜添加或只可少量添加的食物

这个月的宝宝已经能吃许许多多食物，但下列食物妈妈最好不要喂：

1 刺激性太强的食品。酒、咖啡、浓茶、可乐等饮品不应饮用，以免影响神经系统的正常发育；汽水、清凉饮料等一旦喝上瘾就不肯放嘴，一直想喝，容易造成食欲不振；辣椒、胡椒、大葱、大蒜、生姜、酸菜等食物，极易损害宝宝娇嫩的口腔、食道、胃黏膜，不应食用。

2 含脂肪和糖太多的食品。巧克力、麦乳精都是含热量很高的精制食品，长期多吃易致肥胖。

3 不易消化的食品。章鱼、墨鱼、竹笋和牛蒡之类均不易消化，不应给宝宝食用。

4 太咸、太腻的食品。咸菜、酱油煮的小虾、肥肉，煎炒、油炸食品，食后极易引起呕吐、消化不良，不宜食用。

5 小粒食品。花生米、黄豆、核桃仁、瓜子极易误吸入气管，应研磨后供宝宝食用。

6 带壳、有渣食品。鱼刺、虾的硬皮、排骨的骨渣均可卡在宝宝的喉头或误入气管，必须认真检查后方可食用。

7 未经卫生部门检查的自制食品。糖葫芦、棉花糖、花生糖、爆米花，因制作不卫生，食后造成消化道感染，也可因内含过量铅等物质，对宝宝的健康有害。

8 易产气胀肚的食物。洋葱、生萝卜、白薯、豆类等，只宜少量食用。

宝宝的护理

给宝宝一把属于他自己的勺子

宝宝在7个月左右，就具有独立意识。当妈妈喂饭的时候，就想抢妈妈手里的勺子。当妈妈发现宝宝喜欢用手抓着吃、会用杯子喝水了以及当勺子里的饭快掉的时候，会主动去舔勺子时，妈妈就可以着手教宝宝用勺子吃饭了。

此时妈妈一定要给宝宝选1~2把可心的勺子，以此来鼓励他自己吃饭。

* 如何选购勺子

1 要选择有软头的，有特殊勺柄（如环形手柄、曲形手柄）的，容易抓握不会经常脱手掉落，方便宝宝使用。

2 妈妈遇到可心的勺子，可以先买1把给宝宝试用一段时间，再决定是否买第2把。

* 怎样用勺子喂宝宝

1 开始喂饭时，要给宝宝固定吃饭的地方，可以让宝宝坐在有东西支撑的地方喂饭，也可以用宝宝专用的椅子，让宝宝建立定时定点吃饭的意识。

2 在喂饭时，大人用一把勺子，让宝宝拿另一把勺子，许可他用勺子插入碗中。

3 宝宝分不清勺子的凹面和凸面，往往盛不上食物，但是不要夺走他手上的勺子，他自己玩勺子能对吃饭产生积极性，有利于学习自己吃饭，同时也促进了手、眼、脑的协调发展。

4 宝宝最不能容忍的就是妈妈一边将其双手紧束，一边一勺一勺地喂他。这对宝宝生活能力的培养和自尊心的建立有极大的危害。

育儿一点诀

即使宝宝把饭吃得乱七八糟，还是应当鼓励他，喂完饭后不要一直将勺子留在宝宝手上，应该及时收走，避免宝宝误伤自己，也可以让宝宝逐渐明白饭已经吃完了，养成按时吃饭的习惯。

准备一个家庭小药箱

宝宝难免有个磕磕碰碰的，妈妈不妨给宝宝准备一个小药箱，以便能快捷地管理宝宝的药物，以备不时之需。

1 药品要按功效不同分类放置，把各种药分门别类放好，贴上标签，写上药名、用法、用量及主要作用。特别是外用药，标签要醒目，这样找的时候更方便。

2 将药箱放在洁净、干燥、阴凉、避光处，一些零星药片最好装入棕色的玻璃药瓶内，避光保存，以免见光后药效被分解。

3 一定要注意药品出厂日期及有效日期。如药品出现变色、霉变、变味和超过有效日期，就应弃之不用。

4 定期清理药箱，至少每隔3个月清理一次，添置新的药物外，还要检查一下是否有过期的药物，药物是否有发霉、粘连、变质、变色、松散、怪味等现象，若有则要及时清除。

育儿一点诀

药箱中的药物一次不能买太多，很可能宝宝用不上，而且药物有保质期，只要准备常用或应急时可用的药物即可，如温度计、防晒油、创可贴、生理盐水、消毒棉签、镊子等。

如何给宝宝清洁牙龈

在给宝宝做清洁工作时，千万不要忘了保持宝宝的口腔卫生，口腔卫生要从清洁牙龈开始做起。

*给宝宝清洁牙龈的步骤

1 工具准备好。温开水一杯，细纱布一条，宽度以自己的食指长度为限，到了长牙的后期，可以使用牙刷刷牙，并注意选择小头、软毛的牙刷，以免伤害宝宝的牙龈。

2 姿势要舒服。为了让宝宝能够舒服地享受你的口腔按摩，可以让他仰卧在床上，母子面对面，先放松一下，做个鬼脸，亲子交流一下，你可以用肘支在床上，在清洁的过程中，控制宝宝挥动的手臂。

3 纱布包手指。把纱布绕在右手的食指上，蘸点温开水准备擦拭。

4 手势要熟练。用左手把住宝宝的下巴，同时用左手食指稍微拉开宝宝的小嘴唇，以便清楚地看到宝宝的整个口腔状况。

5 清洁要有序。先擦拭上下牙龈，然后牙龈四周的口腔内壁，最后擦拭舌头表面。

*给宝宝清洁牙龈的原则

1.手法要轻

在清洁的过程中，要注意宝宝的反应。如果表现出难过、抗拒的表情，要及时停止。在清洁舌头表面的时候，不要太深入，避免出现呕吐的状况。

2.及时更换清洁用品

清洁口腔的用具要及时清洗，定期更换，避免细菌感染，引起口腔问题。

3.关注异样

如果宝宝哭闹不停，牙龈红肿，甚至发烧，要及时就医，缓解症状。

给宝宝准备磨牙棒等磨牙的东西

一般情况下6个月左右宝宝会萌出第一颗乳牙，2岁半左右萌出全部乳牙，共20颗乳牙。

由于每个宝宝的个体差异不同（像宝宝营养状况及乳母的营养状况等）也会影响宝宝乳牙的萌出时间。一般的早晚差别在半年左右，即宝宝萌出第一颗牙最晚不应超过1岁。如超过1岁，就属于不正常了，应该到医院检查。

在长牙时期，宝宝会喜欢咬硬的东西，父母可以为他准备磨牙口胶或磨牙棒，让宝宝放在口中咀嚼，以锻炼宝宝的颌骨和牙床，使牙齿萌出后排列整齐。

要注意磨牙口胶不应含有容易被宝宝咬下的小部件，同时应选择宝宝可以两手轻松掌握的造型。最好选择无色或浅色的产品，使用的材料要安全、卫生。

磨牙棒要选购制作得硬度适中，令宝宝牙齿更舒服，同时锻炼咀嚼能力；手指形的棒状设计，也有助于锻炼宝宝的抓握能力。

也可将胡萝卜、苹果或其他稍有硬度的蔬果切成条状，让宝宝咬。但妈妈要小心不要让宝宝咬太多而被噎了。

育儿一点诀

不要主动给宝宝含橡皮奶头做安慰，不要放任宝宝咬手指、吮唇、舐舌、张口呼吸、偏侧咀嚼等，以免造成牙齿错位或牙颌畸形。

宝宝长牙期口水多怎么护理

宝宝在长牙期流口水属于正常现象，但常常一天要换几次衣服，用几条手帕，还容易引发湿疹等宝宝皮肤病，不免让妈妈头痛。

那么，宝宝流口水时应该怎样护理呢？

妈妈应该经常帮宝宝擦拭不小心流出来的口水，让宝宝的脸部、颈部保持干爽，以避免湿疹的发生。擦拭时不可过于用力，轻轻地将口水拭干即可，以免损伤局部皮肤。尽量避免用含香精的湿纸巾帮宝宝擦拭脸部，以免刺激宝宝皮肤。给宝宝擦口水的手帕，要求质地柔软，以棉布质为宜，要经常洗烫。

给宝宝围上围嘴，以防止口水弄脏衣服。妈妈一旦发现宝宝的衣服或围嘴湿了，就应该及时地换，以防止口水刺激皮肤引起皮肤炎症。妈妈还可以在更换围嘴后，给宝宝在下巴及颈部、前胸涂抹婴儿润肤品。

若发现宝宝的唇周、下颌及颈部皮肤已经发红、糜烂甚至脱皮，妈妈应用温水帮宝宝轻轻清洗，保持干燥，然后在局部涂上软膏，软膏最好在宝宝睡前或趁宝宝睡觉时擦，以免宝宝不慎吃入口中，影响健康。

如果发现有局部继发性感染，或宝宝流口水特别严重，就要去医院检查，看看宝宝口腔内有无异常疾病、吞咽功能是否正常。

育儿一点诀

妈妈不要将疾病引起的流口水与正常情况弄混，当宝宝患有牙龈炎、扁桃体炎时，也会导致流口水，而且有臭味，同时伴有拒食或发烧等症状，当疾病治愈后，大量口水流出即会停止。

宝宝的成长测评

宝宝能力发展综述

肢体运动：7个月的宝宝没有支撑也可以稳稳当当地坐着了，脊柱挺得很直，腾出了两只手自由玩耍，两手都有玩具的时候，会把双手的玩具交碰在一起，还经常会把玩具塞到嘴里来"品尝"。俯卧时，经常只有手脚着地，而臀部高高地抬起，这是在为爬行做着准备。

语言能力：宝宝此时已经能发出明确的音节，像"ba-ba""ma-ma""nai-nai"等，语言的学习进入敏感期，父母说话的语气、语调及表情都可能被宝宝模仿。因此父母要多和宝宝说话，并保持快乐积极的状态，强化训练宝宝的语言能力。

视觉、听觉：此时的宝宝能熟练辨别远近和空间，当妈妈从远处走来的时候，随着妈妈的接近，宝宝会越来越兴奋。当玩具突然不见时，宝宝会四处寻找，如果这时拿给他，他会表现得非常兴奋。另外，这阶段的宝宝能把声音和声音所表达的意思联系起来了，听到"妈妈"这个词后，会到处找妈妈，听到"喝奶了"这句话，就会用眼睛到处搜寻奶瓶。

情商：宝宝开始明显地依赖妈妈，哭闹的时候，可能只有妈妈才能安抚。会伸手去接别人递过来的玩具，对自己不喜欢的东西会坚决抵抗，大哭大闹。自己喜欢的人要离开时，会表现出不快。

另外，从第7个月开始，宝宝的体重和身高的增长速度已经不像前几个月那么迅猛，逐渐慢下来，但每个月都会稳定上升。

宝宝潜能提升方案

＊大动作能力发展提升

1. 爬行

游戏功效：宝宝从头自由转动逐渐到头能保持平衡，为过渡到手足爬行做准备。

操作方法：继续练习爬行，让宝宝从匍行转到爬行，腹部逐渐离开床面，并用手臂转圈或后退。可将玩具或食物放在不同位置上，让宝宝爬着去够。用毛巾提起宝宝腹部，练习手膝的支撑力。

2. 连续翻滚

游戏功效：训练宝宝身体的灵活性与协调能力。

操作方法：宝宝学会从俯卧转到仰卧，再从仰卧转到俯卧，再从俯卧转到仰卧，常常为够取远处的玩具而继续翻滚，从大床的一头翻到另一头去取。这是第7个月出现的特殊能力。

＊精细动作能力发展提升

1. 抓握

游戏功效：培养宝宝双手手指的协调性和灵活性。

操作方法：把宝宝熟悉的积木块放在他面前手能抓到的地方，训练他能用拇指和其他手指配合抓起小积木，每日练习数次。

2. 对击玩具

游戏功效：能够促进宝宝手、眼、耳、脑感知觉能力的发展。

操作方法：训练宝宝双手玩玩具，并能够对击，例如，让宝宝手中拿一个带柄的塑料玩具，对击另一只手中拿的积木，敲击出声时，家长鼓掌奖励。

* 语言能力发展提升

1. 用动作表示语言

游戏功效：训练宝宝的发音能力和对语言的理解能力。

操作方法：多与宝宝说话，扩大宝宝的语言范围，如叫爸爸、妈妈、拿、打、娃娃、拍拍等，引导宝宝用动作来回答你，如欢迎、再见、谢谢、虫虫飞，以及听儿歌做1~2种动作表演等。

2. 懂得"不"

游戏功效：宝宝懂得"不"的意义，还会懂得大人的摇头、摆手也表示"不"。

操作方法：妈妈指着热水杯对宝宝严肃地说："烫，不要动!"同时拉着宝宝的手轻轻触摸杯子，然后把他的手离开物品，或轻轻拍打他的手，示意他停止动作。

3. 听口令把玩具倒手

游戏功效：宝宝的理解能力提高并慢慢学会两手并用。

操作方法：在玩具倒手（把玩具从一只手传到另一只手）的基础上，先给宝宝一个玩具，让宝宝用一只手拿，再给他一块饼干，告诉他"倒手，倒手"，做对了，亲亲宝宝，并奖励他。

* 生活自理能力发展提升

1. 喝水

游戏功效：训练宝宝的双手协调性。

操作方法：训练宝宝从盛了水的杯中喝水。

2. 生活习惯形成

游戏功效：培养宝宝的良好生活习惯。

操作方法：训练宝宝养成安静入睡、高兴洗脸的习惯，养成定时、定地大小便的好习惯，学会蹲便盆，大便前出声或做出使劲的表情。

* 社交行为能力发展提升

1. 挥手

游戏功效：让宝宝领会简单动作所表示的意义。

操作方法：经常将宝宝右手举起，并不断挥动，让宝宝学习"再见"动作。大人离家时要对宝宝挥手，并说"再见"，反复练习。

2. 拱手

游戏功效：让宝宝领会简单动作所表示的意义。

操作方法：在宝宝情绪好时，帮助宝宝将两手握拳对起，然后不断地摇动，学做"谢谢"动作。每次给宝宝食品或玩具时，先让他拱手表示谢谢，然后再给他。

3. 交往

游戏功效：与同伴玩是宝宝学习语言、锻炼交际能力、培养良好素质的重要途径，能帮助宝宝克服怯生、焦虑的情绪。

操作方法：继续让宝宝多与同伴交往，引导他正确地表达情感。

* 适应能力发展提升

1. 认识鼻子

操作方法：妈妈与宝宝对坐，先指住自己的鼻子说"鼻子"，然后把住宝宝的小手指他的鼻子说"鼻子"。每天重复1~2次，然后抱宝宝对着镜子，把住他的小手指他的鼻子，又指自己的鼻子，重复说"鼻子"。经过7~10天的训练。当妈妈再说"鼻子"时，宝宝会用小手指自己的鼻子。

2. 寻找小物

游戏功效：在寻找小物的游戏中，物质永久性的概念就在无意识探索之中建立起来。

操作方法：将药丸的蜡壳或颜色漂亮的糖豆，投入透明的瓶内盖上，宝宝会拿着瓶子摇，看着蜡壳或糖豆。如果将此瓶放入大纸盒内，宝宝会将瓶取出，继续观看蜡壳或糖豆，寻找蜡壳或豆是否仍在瓶内。

宝宝的游戏时间

找鼻子

* **游戏前的准备工作**

适当的空间。

* **游戏技巧**

妈妈抱着宝宝或者让宝宝仰卧在床上，与宝宝视线相对，问："宝宝的鼻子呢？"

用手指轻点宝宝的小鼻子，说："啊，宝宝的小鼻子在这儿呢！"

再次与宝宝视线相对，问："鼻子呢？妈妈的鼻子呢？"

拿起宝宝的小手，让宝宝触摸妈妈的鼻子，告诉宝宝："妈妈的鼻子在这儿呢！"

可以根据宝宝的实际情况，对游戏进行一些扩展，比如"找耳朵、找嘴巴"。

* **游戏的好处**

可以帮助宝宝了解和认识自己的五官，初步感受五官的存在，增进宝宝与家人的亲密接触。

良好的教养方式会使宝宝自信而愉快，比较容易与他人交往，在集体中也较容易受到尊重和欢迎。

* **专家面对面**

爸爸可以采用变调的方式和宝宝做这个游戏，宝宝的听力还不是很发达，无法听清高音，但是低和粗的声音就比较能听得清楚，而爸爸的声音能给宝宝亲近感。

寻找心爱的玩具

✳ 游戏前的准备工作

宝宝喜欢的毛绒玩具，比如皮卡丘。

✳ 游戏技巧

给宝宝看一个他最喜欢的玩具，然后再把它藏起来。

鼓励宝宝寻找玩具，问问类似于"皮卡丘在天上吗"这样的问题，然后抬头看看天。

问："皮卡丘在地上吗？"再低头看看地。

问："皮卡丘在妈妈手里吗？""是的，皮卡丘在妈妈的手里呢！"找到后给宝宝玩一会儿。

动员宝宝将玩具给妈妈，再来找一找。

✳ 游戏的好处

多次游戏后宝宝就会知道，看不见的东西并没有消失，以后就会有兴趣寻找从视线中消失的东西。这类游戏有助于宝宝建立客体永久性概念。

能使宝宝的好奇心和主动学习的潜能得到激发，有助于宝宝发现物与物之间的关系，促进动作思维的萌芽。

✳ 专家面对面

脑的发育需要营养的支持和健壮的体格。因此，为了使你的宝宝更加聪明，充分地发挥大脑潜能，应为宝宝创造一个良好的环境，那就是充分合理的营养、丰富感知刺激的环境和充满爱的家庭和社会氛围。

百变鬼脸人

✳ 游戏前的准备工作

床上、地板上均可。

✳ 游戏技巧

宝宝精力充沛时，妈妈模仿老虎，说："我是大老虎！嗷呜——"（同时做老虎的表情，张大嘴巴，瞪大眼睛）。

模仿小猫，说："我是小猫咪！喵呜——"（同时模仿小猫咪，用手指表示胡子）。

模仿小老鼠，说："我是坏老鼠！吱吱——"（同时五官挤到一起模仿老鼠的表情）。

反复做各种鬼脸，逗引宝宝观察各种表情的变换。

✳ 游戏的好处

7个月的宝宝已经能够识别亲人的面部特征，通过表情变换的游戏，可以让宝宝对表情的认识更为深入，还可以帮助宝宝缓解对陌生人的焦虑。

这种游戏有利于宝宝识别他人的情绪，为宝宝掌握良好的社会交往技能奠定初步的基础。

✳ 专家面对面

给宝宝做鬼脸时，尽量以表情夸张为主，不要太恐怖，以免给宝宝造成不良影响。

会哭的娃娃

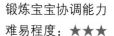
锻炼宝宝协调能力
难易程度：★★★

* 游戏前的准备工作

准备一个能发出声响的（用手一拍肚子就能发出声响）玩具娃娃一个。

* 游戏技巧

妈妈先将娃娃展示给宝宝，让宝宝注意到娃娃，然后用手在娃娃的肚子上轻拍一下，让娃娃发出"哭声"。反复演示几次，让宝宝学习让娃娃"哭"的方法，鼓励宝宝用手拍娃娃，当宝宝成功地拍响了娃娃时，妈妈要通过表情和语言给宝宝以鼓励。

* 游戏的好处

随着宝宝肌肉力量的增强，他开始喜欢上了拍打东西。

通过这个游戏可以让宝宝学习发现事物的因果关系，认识到手的拍打动作和娃娃"哭"之间的关系，培养宝宝初步的探索能力和逻辑思维能力。

* 专家面对面

宝宝的力量还不大，如果娃娃需要大力拍打才能发出响声就不好，因此，游戏时要注意选择敏感性强、易出声的娃娃，否则很容易让宝宝有挫败感，或感到疲劳，导致游戏失败。

此外，需要提醒的是，拍打娃娃在某种程度上属于一种暴力行为，因此大人在拍打时不要狠命用力，而应当温柔，动作要轻，面带笑容，让宝宝觉得这只是一种让娃娃发出声音的行为，而非攻击。

80后妈妈育儿经

和婆婆一起学习育儿知识

80后年轻父母在养育宝宝的问题上与老人发生矛盾是常有的事，关键还是彼此要进行沟通和协调，才有可能缓解这些矛盾。

这几种行之有效的沟通方式，你若与长辈在育儿观念上无法沟通时不妨试试。

＊经常一起阅读育儿的文章

现在的父母都会阅读一些科学育儿的文章，其实这些可以和老人一起阅读。一方面能帮助老人掌握一些科学育儿的理念，另一方面也更利于以后在教育的方式方法上达成一致。多看科学育儿的文章，从某种程度中上说是一种较为艺术地向老人提出意见的方式，经常和他们探讨，也有利于增进感情。

＊教育方法在事前统一

当宝宝犯错后，妈妈会对其进行教育，但常常出现老人干预的情况。因此你和老人有必要在教育前进行思想上的统一，你可以把目的、原因、需要注意的事项以及教育方法的利弊等与老人们进行沟通、商讨，达成一致。

＊让宝宝自己表达

有些长辈喜欢事事代劳，比如吃饭要喂，穿衣要服侍，甚至在做游戏的时候也代劳。这时候你可以运用宝宝的力量，让宝宝用行动证明自己可以干得好这些。一方面培养了宝宝的自信，另一方面也能让老人学会放手。

做到这几点，你会发现，你的父辈原来也不是思想冥顽不化的老顽固。

婆媳
育儿过招

宝宝衣服晒晒就行还是必须清洗晒干

育儿一点诀

如尿布上仅有尿液，可用热水浸泡后用清水漂洗干净；若有大便，可将尿布上的粪便清除后放入清水中，用碱性小的肥皂揉搓，洗净后再用清水多冲洗几遍。然后将尿布用开水煮一煮，阴干后放在太阳下消毒。

＊婆婆有话说：晒晒就成

宝宝的尿也不脏，放到太阳底下一晒就干净了，也能杀菌消毒，每次都洗一遍再晾干就有点没必要了。

＊媳妇有话说：必须先清洗

宝宝的尿液看起来闻上去虽说不脏，但再怎么也是排泄物啊，肯定对皮肤有一定的刺激作用，不管尿多尿少，都不能不洗就放在煤炉、暖气上烤烤或在太阳下晒晒再用。

＊专家面对面：

母乳喂养的新生儿，大便中乳酸杆菌较多，呈酸性；而喂牛奶的新生儿大便多呈碱性。无论大小便是呈酸性还是碱性，对新生儿柔嫩的皮肤都会有一定的伤害。因此，一定要将尿布上的尿液、粪便以及肥皂或洗衣粉中的酸碱成分彻底清除掉，才能达到真正清洗尿布的目的。

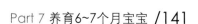

80
后亲密育儿

Part 8

养育7~8个月宝宝

身体发育标准

	女宝宝	男宝宝
身高	64~73.5厘米，平均68.7厘米	66.2~75.0厘米，平均70.6厘米
体重	7.0~10.2千克，平均7.9千克	7.7~10.7千克，平均8.6千克
头围	42.8~45.4厘米，平均44.1厘米	44~46.6厘米，平均45.3厘米

宝宝的
生长发育

8个月的宝宝，体重增长的速度缓慢，但身高却迅速增长，渐渐已显示出"幼儿"的模样了。

宝宝的活动能力进一步增强，多数宝宝开始从以乳类为主食向正常饮食过渡，需要增加辅食种类；白天睡眠时间缩短；婴儿情感更丰富了。

要提醒爸爸妈妈的是，这个月龄的婴儿较易得病，要多学习对婴儿疾病的预防知识。

宝宝的营养

给宝宝添加种类更丰富的辅食

宝宝过了8个月，就有能力到自己喜欢的地方去了。白天如果喂母乳，宝宝撒娇的时候就会跟着妈妈，进而要求吃奶。宝宝的要求得到满足的话，很可能就再也不吃代乳品了，然而，到第8个月时，妈妈乳汁的质和量都已经开始下降，难以完全满足宝宝生长发育的需要。已经8个月的宝宝要是还以母乳为主，就会导致缺铁性贫血。正是因为母乳的充足，反而引起了宝宝的营养不良。

所以添加辅食显得更为重要。从这个阶段起，可以让宝宝尝尝配方奶的味道，为断掉母乳后添加乳类食品做好准备。

辅食方面，可以让宝宝尝试更多种类的食品。由于此阶段大多数宝宝都在学习爬行，体力消耗也较多，所以应该供给更多的碳水化合物、脂肪和蛋白质类食品。

宝宝辅食添加食谱

* 肉末胡萝卜汤

瘦猪肉50克，洗净剁成细末，加盐少许，蒸熟或炒熟；胡萝卜1根洗净，切成大块，放入锅中煮烂，捞出挤压成糊状，再放回原汤中煮沸，用白糖调味；将熟肉末加入胡萝卜汤中拌匀。

* 骨汤面

将猪骨200克砸碎，放入冷水中用中火熬煮，煮沸后酌加米醋，继续煮30分钟；将骨弃去，取清汤，将龙须面50克折断下入骨汤中。将洗净、切碎的青菜50克加入汤中煮至面熟，加少许盐搅匀即成。

* 西红柿酸奶糊

西红柿半个用热水焯一下，然后去皮去籽，捣碎并过滤；香蕉1小段去皮后捣碎并过滤；将捣碎的西红柿与香蕉和在一起；将酸奶1大匙倒入捣碎的番茄和香蕉上搅匀。

宝宝的护理

护理宝宝的小屁股

天气热了，宝宝的小屁股经常捂着厚厚的尿不湿，红屁股、尿布疹这些烦恼接踵而至。看来，宝宝身上的每一个细节，就算"屁"大的事情也不能忽视哦。

宝宝皮肤表面的角质层还没有完全形成，真皮组织较薄，纤维组织少，所以看起来娇嫩喜人，但是同样也很弱不禁风。只要护理不当，就会对宝宝的皮肤造成伤害。

保护宝宝的小屁股，你要注意以下几点：

*1.及时更换尿布还要及时清洗

宝宝大小便之后，由于尿液长时间地刺激皮肤，或者大便后没有及时清洗，其中的一些细菌使大小便中的尿素分解为氨类物质，刺激宝宝小屁股的皮肤。所以新手父母要及时给宝宝换尿布，换完尿布之后，用温水清洗或者使用护肤柔湿巾擦拭，有效地保护宝宝小屁股远离尿布疹。

*2.要注意棉质尿布的洗涤方法

在选择尿布时要注意选择质地柔软的，以旧棉布为好，应用弱碱性肥皂洗涤，还要用热水清洗干净，以免残留物刺激皮肤而导致屁屁发红。就环保而言，很多专家倡议妈妈们给宝宝使用传统尿布。宝宝的尿布可用柔软的旧棉布衣物来自制，这样就可减少使用纸尿布。因为，制造纸尿布不仅要消耗森林资源、能源和水，而且其中一部分水会变为污染环境的废水。另外，用后丢

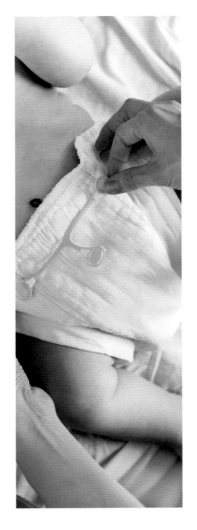

弃的纸尿布在掩埋时，也会产生污染环境的问题。但是选择棉质尿布，要避免质地粗糙，带有深色染料的布料。

*3.各种尿布交替使用

现在很多妈妈都为宝宝选择尿不湿纸尿布，的确是既方便又干净，但是如果条件允许，白天在家时使用棉质尿布，夜间或外出时使用纸尿布，也是不错的选择。

*4.男宝宝女宝宝都不应用尺寸过小的尿不湿

在选择尿不湿的时候，妈妈一定注意不要选择"紧紧包住宝宝屁股"的偏小偏紧的纸尿布。这是因为——偏小偏紧的尿不湿透气性能差，散热性能也不够理想。男宝宝使用偏小偏紧的尿不湿，不利于他们的睾丸发育，甚至有日后罹患不育症的可能性；如果女宝宝使用的尿不湿偏小偏紧，则细菌常常侵犯女宝宝的小屁股，非常不利宝宝健康成长。所以，妈妈在给小宝宝选购尿不湿时应掌握这样一个原则：宁松勿紧、宁稍大勿偏小。

*5.就算尿布湿了一点点，也忌讳再次使用

已经用过一次或者有点儿脏的尿不湿，切忌再次使用，否则就会因小失大而贻误宝宝的健康。

*6.给小屁股抹点护肤油

清洗后，给小屁股适当用点护肤油，有助于保护小屁股，特别是发现它稍有些不对劲儿的时候。黏膜处要用鞣酸油。

宝宝开始长牙了，要如何护理呢

有的妈妈认为宝宝长的是乳牙，以后会换掉，所以在婴幼儿期忽略宝宝牙齿的保健，这是不对的。如果在婴儿期不给宝宝进行牙齿保健护理，那么，宝宝会很容易得龋齿。龋齿会影响宝宝的食欲和身体健康，会给宝宝带来痛苦，良好的护齿习惯应该在婴幼儿期就进行培养。

1 要有良好的喂养习惯。每次给宝宝喂食食物后，再喂几口白开水，以便把残留食物冲洗干净，如有必要妈妈可戴上指套或用棉签等清除食物残渣。入睡前不要让宝宝含着奶头吃奶，因为乳汁沾在牙齿上，经细菌发酵易造成龋齿。睡前可以给宝宝喂少量牛奶，不要加糖。牙齿萌出前后，妈妈就应早晚各一次，用消毒棉裹在洗干净的手指上，或用棉签浸湿以后抹洗宝宝的口腔及牙齿，还可以用淡茶水给宝宝漱口。

2 经常带宝宝到户外活动，晒晒太阳，这不仅可以提升宝宝免疫力，还有利于促进钙质的吸收。注意纠正宝宝的一些不良习惯，如咬手指、舐舌、口呼吸、偏侧咀嚼、吸空奶头等。

3 发现宝宝有出牙迹象如爱咬人时，可以给些硬的食物如面包、饼干，让他去啃。夏天还可以给冰棒让他去咬，冰凉的食物止痒的效果更好。

4 宝宝萌牙后，应经常请医生检查，一旦发现龋齿要及时修补，不要认为反正乳齿将来会被恒齿替代而不处理。

宝宝的成长测评

宝宝能力发展综述

肢体运动：8个月的宝宝，大多已经可以爬行，爬行速度非常快，手脚协调能力越来越好。手可以做到更精细的动作，可以把很细小的东西，比如绿豆，用两只手指捏起来送进嘴里。能从俯卧位转到仰卧位或半坐位。

语言能力：宝宝在8个月时，语言能力持续提高，与别人的对话越来越多，常常模仿别人说话，与人一唱一和来回交流。

视觉、听觉：宝宝能从别人的表情上和语气上分辨人的心情。如果怒视他，他会扁嘴或哭，如果大声训斥，会哭得很伤心；相反，如果温柔地看着他，对他轻言细语，他就会非常高兴。

情商：会笔直地把手伸到喜欢的人的方向要求抱，

另外他还会逗弄别人，比如他先伸出手，要求抱，但当别人去抱的时候，他就突然收回手转过头去，并开心地笑，这样的游戏会一直重复到他腻了为止。

宝宝潜能提升方案

* 大动作能力发展提升

1. 爬行

游戏功效：爬行是全方位的大脑感觉综合能力的训练，既开发了脑潜能，使左右脑协调发展，又开发了体力，还培养了宝宝的社交能力。

操作方法：由手膝至手足爬行，让宝宝能腹部离床用手膝爬，也可让宝宝和其他同龄宝宝在铺有塑料地板的地上，互相追逐爬着玩，或推滚着小皮球玩。

2. 拉物站起

游戏功效：锻炼宝宝平衡自己身体的技巧。

操作方法：让宝宝练习自己从仰卧位拉着物体(如床栏杆等)站起来。可先扶着栏杆坐起来，逐渐到扶栏站起。

* 精细动作能力发展提升

1. 捏取

游戏功效：使用拇指、食指捏到小物品，这是人类才具有的高难度动作，标志着大脑的发展水平。

操作方法：让宝宝练习用手捏取小的物品，如小糖豆、大米花等，开始宝宝用拇指、食指扒取，以后逐渐发展至用拇指和食指相对捏起，每日可训练数次。妈妈要注意宝宝，避免宝宝将小物品塞进口、鼻呛噎而发生危险，离开时要将小物品收拾好。

2. 食指的技巧

游戏功效：用指拨玩具可以让宝宝的食指发挥最大的功能，锻炼宝宝手指的灵活性。

操作方法：宝宝会用食指深入洞内钩取小物品，如果棉被或睡袋有破缝，宝宝就会钩出棉花塞入嘴里。妈妈可让宝宝用食指拨转盘、拨球滚动、按键等。小药瓶也有用，但瓶口要大于2厘米，防止手指伸入后拔不出来。

1. 发音

游戏功效：培养宝宝的发音能力和语言理解能力。

操作方法：继续练习发音。注意听宝宝的发音。当宝宝已能说出不同的单音时，要跟着重复宝宝所发的音，用动作表示音的意义。

2. 表示"要"

游戏功效：培养宝宝手势语言的表达能力，并养成讲文明的好习惯。

操作方法：当宝宝要一种东西时，要教他伸手来表示要，然后再拿给他所要的物品，并点头以表示"谢谢"。

3. 语言动作联系

游戏功效：训练宝宝理解语言的能力。

操作方法：在拿宝宝熟悉的物品时，边说边问："宝宝要不要饼干？""宝宝要不要小熊？"让他用手推开或皱眉表示不喜欢；用伸手、点头、谢谢表示喜欢，表示要。

4. 服从命令

游戏功效：使宝宝理解语言并用动作来执行。

操作方法：给宝宝讲"坐下""不能吃""给我""让我看看你的新鞋"等，宝宝会用动作来服从大人的要求。

1. 学拿勺子

游戏功效：让宝宝拿勺子使他对自己吃饭产生积极性，有利于学习自己吃饭，同时也促进了手、眼、脑的协调发展。

操作方法：与第7个月一样，在喂饭时，妈妈用一只勺子，让宝宝也拿一只勺子，许可宝宝用勺子吃饭。此时，宝宝分不清勺子的凹面和凸面，往往盛不上食物，大人可先喂饱他，然后进行拿勺子的训练。

2. 坐便盆

游戏功效：培养宝宝良好的生活习惯和独立能力。

操作方法：8个月的宝宝已经坐得很稳了，每天要让他自己坐便盆大小便。

* 适应能力发展提升

1. 继续认身体的部位

游戏功效：加强宝宝的理解力，还能培养宝宝的手眼协调能力。

操作方法：让宝宝看着娃娃或他人，妈妈可用游戏的方法教认自己身体的各个部位。如让宝宝用手指着娃娃的眼睛，妈妈说："这是眼睛，宝宝的眼睛呢？"帮他指自己的眼睛，逐渐宝宝会独立指眼睛。

2. 感知

游戏功效：促进宝宝的感觉器官发育。

操作方法：继续抚摸、亲吻宝宝，握着宝宝的手，教他拍手，按音乐节奏模仿小鸟飞；还可以宝宝闻闻香皂、牙膏，尝尝糖和盐，培养嗅觉感知能力。

3. 寻找盖着的玩具

游戏功效：锻炼宝宝的记忆和分析能力，理解物体和物体之间的关系，同时也锻炼手的功能。

操作方法：用塑料杯、盒子或一张纸趁宝宝玩得高兴时将玩具盖住，看宝宝能否将玩具找出。如果不会或者要哭，就将玩具露一点出来，让他自己取出。

1. 认识自己

游戏功效：培养宝宝愉悦的情绪。

操作方法：每天抱宝宝照镜子2~3次，让他认识自己。边看边告诉他镜中人，如"这是宝宝""这是妈妈"等。还可给他戴上有色彩的帽子、好看的围巾、头花、纸制眼镜等，逗引宝宝高兴、发笑。

2. 交往

游戏功效：培养宝宝善于理解、善于和人沟通的能力。

操作方法：继续让宝宝多与人交往，方法同7个月时一样。

3. 注视家人行动

游戏功效：提高宝宝的理解能力。

操作方法：要经常在宝宝面前做事，并注意观察宝宝是否注视家人行动，开始时应给予诱导，如"宝宝看爸爸拿什么呢""妈妈戴帽子上街了"等。

宝宝的
游戏时间

锻炼宝宝协调能力
难易程度：★★★

* **游戏前的准备工作**

准备一段有明显高低音区别的乐曲。

* **游戏技巧**

妈妈抱着宝宝听音乐，并不时对宝宝说："宝宝听，音乐多好听啊。"

当听到音乐的高音部分时，将宝宝高高举起，并对他说："宝宝长高了。"

当听到低音时，妈妈把宝宝放低，说："宝宝变矮了。"反复几次。

* **游戏的好处**

以音乐和儿歌的感染力去激发宝宝，使宝宝在愉快的情绪中进行简单的节奏训练，为培养宝宝的音乐智能打下基础。

使宝宝从小就能积极调整自己情绪，长大后会成为一个能保持良好情绪状态的人，稳定的情绪和乐观开朗的性格，使他们始终能笑对人生。

* **专家面对面**

每次进行时，要先使宝宝留意听音乐，直到发现宝宝在听音乐时，再将他举高或放低，让宝宝在运动中感受音乐高低变化。

适当的听觉刺激会促进宝宝在情感上与人的沟通及语言方面的发展，并培养宝宝积极地接受外界事物的态度。所以，爸爸妈妈要经常反复地给宝宝说些简单上口的童谣，唱好听悦耳的歌

曲，说充满爱的话语，另外也要观察宝宝听到声音之后的各种反应与身心状态，这对宝宝的听觉、情绪、动作等的发展都有极大的好处。

饼干搬新家

∗ 游戏前的准备工作

1盒手指饼干，2个空的食品盒，妈妈和宝宝都把手洗干净。

∗ 游戏技巧

妈妈把10根手指饼干放在一个食品盒里，用食指和拇指拿起一根手指饼干，放进另一个盒子里。

引导宝宝用相同的方法，将饼干一根一根地放到另一个食品盒里。

宝宝每拿起一根手指饼干时，妈妈都在一旁数数，让宝宝感受物品和数量之间的逻辑关系。

∗ 游戏的好处

这个游戏可以发展宝宝动作的连贯性和协调转换的能力，增强动作的随意性。

培养宝宝的注意力、观察力、记忆力，能使宝宝的好奇心和主动性得到激发，有助于发现物与物之间的关系，促进动作思维的萌芽。

∗ 专家面对面

感受数字绝不是让宝宝学数字，也不是数数，爸爸妈妈不要急于求成，让宝宝现在就学"数学"。妈妈还可以准备圆形饼干或者大一些的水果，让宝宝感知不同物体的不同形状。

登山小·健将

* 游戏前的准备工作

宝宝喜欢的玩具1个。

* 游戏技巧

妈妈仰卧在床上，让宝宝趴在自己的身体左侧。

妈妈拿起宝宝喜欢的玩具，逗引宝宝，然后将玩具放在自己身体的右侧。

帮助宝宝爬上妈妈的身体，然后鼓励宝宝从妈妈的身体上爬过去，把喜欢的玩具拿过来。

宝宝拿到玩具后，要亲吻、鼓励宝宝。

* 游戏的好处

在爬的过程中，宝宝的四肢得到充分的活动，增强小脑的平衡能力，为日后宝宝运动智能的发展奠定良好的基础。

翻爬的过程让宝宝获得自己发现问题和解决问题的乐趣，探索的过程让宝宝体验失败的感受，塑造勇于面对挫折的良好品格。

* 专家面对面

游戏时，妈妈要注意自己的着装，不要穿太硬、有太多拉链的衣服，最好穿睡衣和宝宝进行游戏。

漂亮的金鱼缸

锻炼宝宝协调能力
难易程度：★ ★ ★

＊ 游戏前的准备工作

准备一个装有彩色金鱼的玻璃鱼缸一个。

＊ 游戏技巧

妈妈抱着宝宝走到鱼缸前面，让宝宝看着鱼缸，然后告诉宝宝："这个是鱼缸。"拿起宝宝的小手，让宝宝触摸玻璃缸。

再指着游动的金鱼，告诉宝宝："鱼缸里面住着漂亮的金鱼。"抱着宝宝转到金鱼停留的位置，鼓励宝宝去轻敲鱼缸，这时金鱼会游走，妈妈要告诉宝宝："漂亮的金鱼又走了。"

这样反复几次，让宝宝自己主动去摸金鱼缸，并主动追随金鱼游动。

＊ 游戏的好处

金鱼缸是家庭中常见的装饰品，也是帮助宝宝认识自然的好材料。

通过游戏，宝宝可以认识动与静的区别，认识动物的特点，认识更多生活中的事物，感受日常生活用品之间的区别，这对于宝宝自然智慧的提高是有利的。

＊ 专家面对面

家庭中鱼缸摆放的位置要合适，不要放在宝宝自己就可以触摸到的地方，防止玻璃缸打碎，给宝宝造成伤害。

家长示范敲击鱼缸时，动作一定要轻柔，不要给宝宝不良的示范作用，让宝宝误以为敲击要用力，弄疼自己而影响宝宝的积极性。

80后妈妈育儿经

时尚妈妈的十项育儿原则

做妈妈，一定要有原则哦！下面是我们根据其他妈妈的育儿心得总结出的育儿十原则，希望对你有所启迪：

1 不是最完美的妈妈，不要最出色的宝宝，良好就是最好。

2 敢于面对失败，我可以不服输，但我输得起。可以再次冲击，也可以放弃，我有选择的权利。如果一定要摔跤，早摔比晚摔好。

3 尊重、付出、回报都是双向的，学会感恩。

4 孩子的生活就是游戏。陪他一起玩，让他玩得更开心，就是父母的责任。

5 脏是正常的，勤洗就是了；有点小伤是正常的，不头破血流就可以——该放手就放手，玩耍磕碰中才能成长。

6 衣服和妈妈穿一样多，少穿一件比多穿一件好。孩子运动量大，玩出汗风一吹更容易感冒，还更不容易好。孩子流鼻涕了，加一件衣服。判断冷热，摸孩子后脖子。

7 一个人可能不生病吗？不可能。所以孩子感冒的时候，小病的时候，不要惊慌失措，辩证地想，得一次感冒相当于打了一针预防针。

8 不吃就别追着喂了，孩子不会饿死自己的。

9 有空就带孩子出门转转吧，关在笼子里的小鸟和展翅飞翔的雏鹰是不一样的。

10 打架的原则：不先出手打人，打得过就打，打不过就逃，不第一个哭。

最后还要叮嘱妈妈们的是：一口吃不成胖子，教育孩子，要慢慢来。

懒妈妈也能得育儿优秀分

印象中，多数妈妈都是勤劳的，宝宝饿了会第一时间给他吃，宝宝哭了会第一时间哄他，饭菜撒了一地会第一时间清理，玩具掉了也会第一时间捡起来……

时间久了妈妈可能有些吃不消，小家伙可真能"折腾"啊，纵然有甘做"孩奴"的准备，也恨不能立刻生出个三头六臂来才好。有时候真想懒洋洋地看着他玩，再不要随时待命般地伺候着小家伙了。

其实，做个懒妈妈并非就代表不是好妈妈了哦，"懒"有"懒"法子，做个善于观察和思考的懒妈妈，育儿分是一点也不会落下的。

*1.身可懒心不可懒

只要脑子和眼睛不偷懒，懒妈妈手懒、嘴懒是完全没问题的，不插手不唠叨，能给宝宝更大的自由空间，让他去自己探索。

宝宝的独立生活意识要从小来开始培养，独立生活能力是他将来生存和发展的前提，因此，给宝宝锻炼的机会很重要，妈妈不必将宝宝的一切活动都包办，如果宝宝吃饭时喜欢扔了勺子要你捡，你不必每次都迅雷般捡起来还给他，让他探索着自己捡起来；如果他还不会将勺子放到嘴里，你也不必每次都事必躬亲地将饭直接喂给他，自己悠闲地用勺子吃自己的，让他跟你学。

事实上，做个懒妈妈是对宝宝的未来负责，当好懒妈妈的一个法则是：宝宝能做的就不替他做，宝宝还不能做的就鼓励他尝试。这样宝宝独立能力会越来越强，而妈妈会越来越轻松。

*2.满足宝宝的情感需求

家人之间需要爱，宝宝还小，不太明白怎样向爸爸妈妈表达爱，但爸爸妈妈看着宝宝就能很幸福。

当妈妈偷偷小懒时，比如周末的早上睡了个懒觉，没有按时将宝宝从床上抱出去散步时，宝宝可能会不适应，但这同时也是培养宝宝独立意识的机会。宝宝才不会将父母的付出看成理所当然。

不过，妈妈的缺席会令宝宝感到爱的缺失，产生情绪。因此，妈妈一定要在情感上多弥补，偷懒完毕后要及时抱抱他，抚慰他，让他感到妈妈的爱，扭转宝宝缺失爱的稚嫩想法。

*3.多信任少埋怨

教育宝宝最怕的事情是，妈妈一般什么事都替宝宝做，但做起来又不心甘情愿，边做还要边埋怨、指责宝宝，不用说培养宝宝的独立能力，这样一来宝宝连自信也难以建立。

宝宝尚小，几乎做每件事情都处于尝试阶段，出现点小麻烦或是小错误是在所难免，妈妈一定要将嘴和手懒到底，不要在宝宝打翻了碗，扔掉了玩具，甚至咬到自己的手而抱怨他、斥责他。既然决定做懒妈妈，就要充分相信宝宝的能力，多鼓励多表扬，让宝宝在自信和满足中学会自己做事情。

80
后亲密育儿

Part 9

养育8~9个月宝宝

身体发育标准

	女宝宝	男宝宝
身高	65.3~75厘米，平均70.1厘米	67.5~76.5厘米，平均72厘米
体重	7.3~10.5千克，平均8.2千克	8~11千克，平均8.9千克
头围	43.2~45.8厘米，平均44.5厘米	44.4~47厘米，平均45.7厘米

宝宝的
生长发育

　　与前一阶段相比，这个月龄的宝宝有了很明显的变化，他们的活动范围扩大了，解决问题的能力增强了，像个小探险家一样，对所有东西都充满了好奇。

　　他们很快乐，但又爱发脾气，不仅贪玩，还喜欢被人拥抱，占有欲也很强，希望所有的东西都是自己的，还会用手势、表情或者发出一串咿呀的语言告诉别人他的想法。

宝宝的营养

宝宝的辅食增加到每日3次

这个月起，母乳开始减少，有些妈妈奶量虽没有减少，但质量已经下降，所以喂奶次数可以逐渐从3次减到2次，也可以增加一次配方牛奶，而辅食要逐渐增加，早、中、晚餐可以辅食为主，为断奶做好准备。

宝宝的辅食营养搭配要合理，一天的食物中仍应包括谷薯类，肉、禽、蛋、豆类，蔬菜、水果类和奶类。从8个月起，消化蛋白质的胃液已经充分发挥作用了，因此9个月时可多吃一些蛋白质食物。宝宝吃的肉末，必须是新鲜瘦肉，可剁碎后加作料蒸烂吃。增加一些土豆、白薯类含糖较多的根茎类食物。由于9个月的宝宝已经长牙了，有咀嚼能力了，可以让其啃食硬一点的东西，因此应增加一些粗纤维的食物，这样有利于乳牙的萌出。

增加辅食时应每次只增加一种。当宝宝已经适应了，并且没有什么不良反应时，再增加另外一种。

尽管宝宝饮食品种已与普通饮食近似，但仍要注意以细、软为主，调味尽量淡，色泽和形状上尽可能多做变化来引起宝宝的食欲。

吃点心对宝宝来说是人生的乐趣。有不少点心，因宝宝的牙没长齐而不能吃，但是一般的点心，如蛋糕、布丁、西式点心、小甜饼干、咸饼干等宝宝都可以尝试。

给宝宝点心的时间最好定时，在午餐和晚餐之间多数的宝宝要喝牛奶，可以在这时一起给点心。不过要注意的是，体重超标的肥胖型宝宝（9个月，体重超过10千克的宝宝），不要给太多的点心。

宝宝的辅食添加食谱

*胡萝卜豆腐泥

将去皮胡萝卜50克烫熟后切成极小的小块；水半杯与胡萝卜放入小锅，嫩豆腐1/6块边捣碎边加进去，煮到汤汁变少；最后将蛋黄打散加入锅里煮熟即可。

*冬瓜蛋花汤

将冬瓜50克去皮，切成菱形小片；鸡蛋半个磕入碗内，搅匀备用；将植物油放入锅内，热后下入冬瓜煸炒几下，加入鸡汤150毫升烧开，淋入鸡蛋液，加入少许精盐即可。

*蔬菜鸡蛋蒸糕

将洋葱20克、胡萝卜20克、菠菜20克用开水焯一下，然后切碎；将鸡蛋1个打散后加等量凉开水搅匀，加蔬菜上锅蒸至软嫩即可。

*菜果虾蓉饭

把西红柿1个放入开水中烫一下，然后去皮，再切成小块；香菇3朵洗净，去蒂切成小碎块；胡萝卜1个切粒；西芹少许切成末；大虾煮熟后去皮，取虾仁剁成蓉；把所有菜果放入锅内，加少量水煮熟，最后再加入虾蓉一起煮熟，把此汤料淋在饭上拌匀即可。

*南瓜羹

将甜南瓜50克去皮去瓤，切成小块；放入锅中倒入肉汤煮；边煮边将南瓜捣碎，煮至稀软即可。

*鸡汤煮面片

将煮熟的鸡肉30克切碎，备用；将洗净的圆白菜15克、芹菜5克切成碎末，备用；将锅置于火上，放入鸡汤，下入面片30克，煮熟后，倒入鸡肉末，撒入菜末，加入少许酱油，使其具有淡淡的咸味即可食用。

让宝宝养成良好的吃饭习惯

良好的习惯和生活能力是在婴幼儿时期奠定的，宝宝在先天的、无条件反射的基础上，接受从家长那里的"教育"，就能形成各式各样的后天性反射，继而慢慢就养成习惯。因此在婴儿期宝宝更容易接受饮食习惯培养。

*1.固定的饭桌

9个月的宝宝能够坐得很稳，而且大多数可以独坐了。因此让宝宝坐在有东西支撑的地方喂饭是一件容易的事，也可用宝宝专用的前面有托盘的椅子，总之每次喂饭靠坐的地方要固定，让宝宝明白，坐在这个地方就是为了吃饭。

*2.鼓励宝宝自己动手

这个月的宝宝总想自己动手，因此可以手把手地训练宝宝自己吃饭。妈妈要与宝宝共持勺，先让宝宝拿着勺，然后妈妈帮助把饭放在勺子上，让宝宝自己把饭送入口中，但更多的是由父母帮助把饭喂入口中。

*3.吃饭时间不宜过长

每顿饭不应花太多的时间，因为宝宝在饿时胃口特别好，所以刚开始吃饭时要专心致志，养成良好的吃饭习惯。

*4.良好的进餐习惯

饭前、便后要洗手；吃饭时安静不说话，不大笑，以免食物呛入气管内，不能养成边吃边玩，边吃边看电视的习惯。

育儿一点诀

要保持宝宝进餐环境的清洁、整齐、安静、愉快，这对提升进餐氛围很有帮助。

饭前不要给宝宝吃零食，尤其不要给糖果、巧克力等甜食，以免影响宝宝的食欲，降低吃饭效果。

宝宝的护理

训练宝宝的排便习惯

　　良好的排便习惯，不仅能减少妈妈的许多麻烦，而且也有利于宝宝的健康。培养宝宝大小便习惯可以从出生后2个月开始，年龄越小，大小便的次数越多。尤其是吃母乳的宝宝大小便次数更多，这就需要妈妈密切观察宝宝大小便的规律，来把宝宝大小便。

　　开始时，可在宝宝睡前、醒后，吃奶前，以及外出前和回来后立即把大小便。在宝宝醒着时，可观察宝宝排小便前的表情或反应，及时把尿。

　　细心的妈妈一般会掌握宝宝大小便的规律，白天把尿的次数可多些，夜间次数少些。但不能过于频繁地把尿，这样会减低膀胱的充盈程度，使宝宝有一点大小便就要排出来，这对以后会带来麻烦。把尿时，大人可发出"嘘……嘘……"的声音，或用吹口哨来示意小便，久之宝宝即可建立起小便的条件反射。

　　大便习惯的培养较小便习惯要容易一些，尤其在宝宝4个月后添加辅食后，大便次数会明显减少，一般每天1~2次。开始培养大便习惯时，可在吃奶前、后大便一次，或在睡前、醒后把大便一次。逐渐摸清宝宝大小便的规律和时间，就可以在固定的时间把大小便了。把大便时，大人可发出"嗯……嗯……"似乎是用力的声音，以形成排大便的条件反射。

帮宝宝练习坐便盆

训练宝宝的排便习惯需要用到便盆，因此首先需要给宝宝选择一个便盆。

宝宝的坐便盆，最好选用塑料制品，且盆边要宽而光滑，因为这种便盆无论是夏天还是冬天都适用（搪瓷便盆夏天尚可，到了冬天很凉，宝宝就不愿意坐）。

选择合适的便盆后，就可以开始帮宝宝练习坐便盆了，练习坐便盆时需要注意的事情是：

1 如宝宝一坐便盆就打挺、吵着闹着不干或过了5~7分钟也不肯排便等，你不必勉强宝宝必须坐在便盆上排便。

2 每天必须坚持让宝宝坐便盆，时间一长，经过反复练习，宝宝一坐便盆，就可以排大小便了。

3 每次坐便盆时间不要太长，久坐便盆，宝宝会因此发生脱肛。

4 练习坐便盆时，必须由妈妈或爸爸托着或扶着，因为宝宝坐在便盆上不稳，易摔倒，易疲劳。

育儿一点诀

妈妈要有耐心和信心，只有坚持不懈才能成功，让宝宝养成习惯后终身受益。

如何给宝宝洗发护发

这个时期的宝宝皮脂分泌旺盛，易导致皮脂堆积于头皮，形成垢壳，堵塞毛孔，阻碍头发生长。因此，合理护发对宝宝的头发生长十分重要，妈妈要了解给宝宝洗发的要点：

1 水温保持在37℃~38℃。

2 选择宝宝洗发水，不用成人用品。因为成人用品过强的碱性会破坏幼儿头皮皮脂，造成头皮干燥发痒，缩短头发寿命，使头发枯黄。

3 勿用手指抠挠宝宝的头皮。正确的方法是用整个手掌，轻轻按摩头皮；炎热季节可用少许宝宝护发剂。

4 如果宝宝头皮上长了痂壳，不妨使用烧开后凉凉的植物油(最好是橄榄油，其次为花生油或菜油)，涂敷薄薄的一层，再用温水清洗，很容易除掉头垢。

5 洗发的次数，夏季1~2天1次为宜，冬春季3~4天1次。

宝宝的成长测评

宝宝能力发展综述

肢体运动：进入第9个月，宝宝不但可以坐稳，而且可以坐着转身了。如果旁边有护栏等依仗，还可以拉着站起，再坐下。此时，宝宝的爬行速度很快，并能在爬行中自由地转向任何方向。手指的灵活性也进一步提高，可以单独伸出食指去抠东西，所以这时家里的电插孔最好有安全防护，以免宝宝把食指伸进插孔导致触电。

语言能力：宝宝这时候能听懂妈妈对他说的大部分话，并且会回答。如果妈妈用语言制止他的行为，宝宝会做出明确的反应，停下动作，并扁嘴以示不满。

视觉、听觉：此时，宝宝喜欢自己制造一些声音，拿着玩具去敲击其他东西，如果能发出声音，他会很兴奋地一直持续这样的动作，能够分辨高音和低音，敲出的声音越大越开心。另外，这时候的宝宝已经有意识地用眼睛寻找事物，准确找到他喜欢的玩具或食品。

情商：宝宝此时产生了初步的自我意识，喜欢自己动手。吃饭时，会与妈妈抢小勺，与大人的交往也更加密切，会通过手的动作或表情、语言等表达他的需求，也会制造机会逗引大人与他玩耍，如反复地把玩具扔到地上让大人去捡拾。另外，宝宝此时的能动性更加强，常常会自己脱掉袜子或帽子。在妈妈为他穿衣服时，会主动配合，如果他做某件事情受到夸奖会很高兴。比较特别的是，他听到别的宝宝哭，也会跟着哭。

宝宝潜能提升方案

* 大动作能力发展提升

1. 帮助站立、坐下

游戏功效：锻炼宝宝双腿的肌肉，训练宝宝身体的平衡性。

操作方法：让宝宝从卧位拉着东西或牵一只手站起来，在站位时用玩具逗引他3~5分钟，扶住双手慢慢地坐下。扶站比坐下容易，几分钟后，大人要帮助扶坐，以免宝宝疲劳。

2. 坐起并迈步

游戏功效：此时要表扬宝宝，让宝宝高兴，使身体平衡和协调能力进一步发展。

操作方法：让宝宝仰卧或俯卧，用语言、动作示意他坐起来，并扶着宝宝双手鼓励迈步或用玩具、食品引逗他坐起来。

3. 花样爬行

游戏功效：提高宝宝爬行动作的熟练程度，让宝宝更好地站立或行走。

操作方法：这个月宝宝已由原来手膝爬行过渡到熟练的手足爬行，由不熟练、不协调到熟练、协调。你用宝宝喜欢的玩具逗引他，他会像一名生龙活虎的运动员一样向前、向后、向左、向右，一会儿跃跃欲试，一会儿又急转弯猛扑过来。

*精细动作能力发展提升

1. 放手

游戏功效：由握紧到放手，使手的动作受意志控制，手、眼、脑协调又进了一步。

操作方法：训练宝宝有意识地将手中玩具或其他物品放在指定地方，家长可给予示范，让其模仿，并反复地用语言示意他"把××放下，放在××上"。

2. 投入

游戏功效：训练宝宝的观察力，让宝宝学会解决简单问题。

操作方法：在宝宝能有意识地将手中的物品放下的基础上，训练宝宝玩一些大小不同的玩具，并教宝宝将一小的物体投入大的容器中，如将积木放入盒子内，反复练习。

3. 推动滚筒

游戏功效：让宝宝在戏耍中逐渐建立起圆柱体物体能滚动的概念。

操作方法：圆柱体的滚筒(饮料瓶代替也可)放在地上，让宝宝用两只手推动它向前滚动。待宝宝熟练后，再让他用一只手推动滚筒，并把它滚到指定地点。

*社交行为能力发展提升

1. 模仿大人动作

游戏功效：宝宝很快就学会而且能单独表演了。

操作方法：宝宝在注视大人动作的基础上开始用成套的动作来表演儿歌。父母要先设计好全套动作并配上相应的儿歌或短语，每次动作都要一样，包括拍手、摇头、身体扭动、踏脚或特殊手势示范动作，宝宝学习时每做对一种，父母都要表扬鼓励。

2. 纸箱游戏

游戏功效：宝宝能理解名字和事物之间的关系。

操作方法：在50厘米高的包装箱四面贴上大的动物或水果图，让宝宝扶着箱子站立。妈妈先教宝宝认识每幅图的名称，然后问："猫在哪儿？"宝宝会扶着箱子四处绕行去找出猫所在的位置。

* 语言能力发展提升

1. 理解语言

游戏功效：使宝宝能够理解更多的语言。

操作方法：在与宝宝的接触中，通过语言和示范告诉宝宝怎么做，如坐起来、拿、等一等。

2. 模仿发音

游戏功效：训练宝宝的语言能力以及逻辑思维能力。

操作方法：继续练习模仿发音，能使用有意义的单词，如"爸爸""妈妈"之类的称呼。也训练宝宝说一些简单动词，如"走""坐""站"等。

在引导宝宝模仿发音后，要诱导他主动地发出单字的辅音。观察是否见爸爸叫"爸爸"或见妈妈叫"妈妈"。

3. 语言动作联系

游戏功效：训练宝宝能够执行简单的指令。

操作方法：告诉宝宝"小姐姐到咱家玩，我们笑笑欢迎"等，宝宝做对了，大人要鼓掌、喝彩、夸奖，使他为自己的正确理解而高兴，尝到成功的喜悦。

4. 念儿歌，讲故事，看图书

游戏功效：让宝宝学习更多的语言，增强宝宝对语言的理解能力和记忆能力。

操作方法：1岁内的宝宝喜欢有韵律的声音和欢快的节奏，念儿歌、读故事时要有亲切而又丰富的面部表情、口形和动作，尽管宝宝还不太懂儿歌、故事中表达的意思。

给宝宝念的儿歌应短小、朗朗上口。每晚睡前给宝宝读一个简短的故事，最好一字不差。一个故事记住了，再换别的以便加深宝宝的印象和记忆。

＊生活自理能力发展提升

1. 大小便坐便盆

游戏功效：使宝宝养成良好的生活习惯并培养宝宝的独立能力。

操作方法：继续训练宝宝养成大小便坐便盆的习惯，在宝宝有便意时定地点、定时协助他坐便盆。

2. 配合穿衣

游戏功效：经常表扬宝宝的合作，以后宝宝就会主动伸臂入袖，伸腿穿裤。

操作方法：给宝宝穿衣服时要告诉他"伸手""举手""抬腿"等，让他用动作配合穿衣、穿裤。如果他还未听懂就用手去示范协助。

＊适应能力发展提升

1. 识图认物

游戏功效：增强宝宝的听说能力，培养宝宝爱读书的好习惯。

操作方法：给宝宝看各种物品及识图卡、识字卡。卡片最好是单一的图，图像要清晰，色彩要鲜艳，主要教宝宝指认动物、人物、物品等。学习的速度因人而异，不要和别的同龄宝宝攀比。

2. 接近生人

游戏功效：有过几次这种体验，宝宝就敢于接近生人和接近新事物了。

操作方法：妈妈抱起宝宝，让他接近生人。过一会儿，生人可给宝宝一个小玩具，同他玩一会儿，让宝宝渐渐放松，同他笑笑，当宝宝报以微笑时才向他伸手。

生人接抱时妈妈仍在近旁，使宝宝有安全感。宝宝可以随时再向妈妈伸手，这才放心接近生人。

宝宝的游戏时间

勤劳的·小蜜蜂

锻炼宝宝协调能力

难易程度：★★★

＊游戏前的准备工作

蜜蜂头饰1个。

＊游戏技巧

妈妈和宝宝面对面坐在床上或地毯上，妈妈在头上扎一个头饰，扮成小蜜蜂。

妈妈一边念"一只小蜜蜂"，一边用食指做"1"的动作。

念"飞到花丛中"时，伸出两只手在身侧，做"飞"的动作。

念"飞到西来飞到东"时，分别向左右侧过身体，做"飞"的动作。

念"飞来飞去嗡嗡嗡"时，夸张地用嘴表演"嗡嗡嗡"的动作，并将头靠近宝宝。

＊游戏的好处

通过儿歌伴随游戏可以提高宝宝的节奏感，促进宝宝语言智慧的发展，帮助宝宝理解语言和动作之间的关系，提高宝宝的学习能力。

＊专家面对面

游戏的重点是儿歌和动作的表演，头饰只是起到吸引宝宝注意力的作用，也可把丝巾扎在头上系个蝴蝶结代替。妈妈要充分意识到宝宝模仿学习的特点，为宝宝树立良好的模仿榜样。

建议妈妈平时多为宝宝结合特定的动作呈现语言，鼓励宝宝随语言做相应的动作，并对宝宝的行为给予积极地回应。

飞翔的小鸟

锻炼宝宝协调能力

难易程度：★★★

* 游戏前的准备工作

较大的活动空间。

* 游戏技巧

爸爸妈妈对坐，将双手握在一起，然后让宝宝坐在手臂上。

爸爸妈妈同时慢慢抬高并放低手臂，让宝宝感觉像在飞一样。

* 游戏的好处

这个游戏可以让宝宝充分地与爸爸妈妈产生身体上的接触，让宝宝感受到亲情，可以给宝宝的前庭器官以充分的刺激，促进宝宝运动能力、平衡能力以及身体控制能力的提高。

* 专家面对面

要注意保护好宝宝的身体，控制好双方手臂的缝隙，防止宝宝掉落。

爸爸妈妈的配合要非常协调，方向和上升降低的幅度要一致，让宝宝慢慢适应。

扔沙包

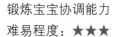

* 游戏前的准备工作

1个小小的沙包（装少量填充物，如荞麦皮等，边长2.5厘米左右）。

* 游戏技巧

让宝宝坐在床上，妈妈面对着宝宝坐，距离为1尺左右。

妈妈拿起沙包，吸引宝宝注意，轻轻将沙包扔到宝宝面前，鼓励宝宝接住。

帮助宝宝捡起沙包，并且把它扔给妈妈。

视宝宝的兴趣重复几次。

* 游戏的好处

这个游戏可以帮助宝宝锻炼上肢肌肉力量，提高宝宝肌体控制能力，促进宝宝空间感知能力的提高，加强其对距离的感受。

在游戏中宝宝和妈妈的配合，有利于宝宝学习与他人交往的技能，促进人际交往智能的提升。

* 专家面对面

这个时期的宝宝还不能真正接住或者准确地扔出沙包，只要宝宝伸手参与了活动，并且与妈妈之间形成了良好的互动就行，不要对宝宝的要求过高。

妈妈扔沙包的力量要小一些，沙包的填充物要少，用填枕头用的荞麦皮最好。

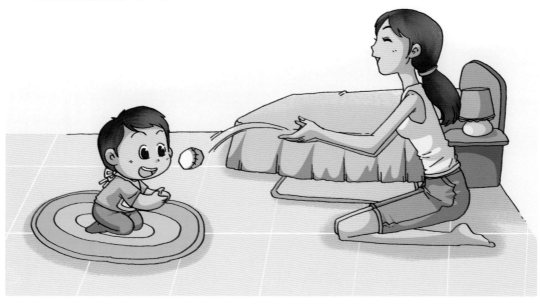

足球小子

＊游戏前的准备工作

准备1个彩色橡胶球，或者彩色气球也可。

＊游戏技巧

妈妈从宝宝的背后扶住宝宝的腋下，让宝宝站立；将彩色橡胶球放在宝宝的脚边3~5厘米处，指给宝宝看，引起宝宝的注意；引导宝宝抬起脚去踢球。

如果宝宝没有自主踢球的意思，可以轻轻移动他的脚到球边处，告诉他："宝宝，我们来踢球球。"然后用他的脚把球踢出去；然后抱着宝宝"走"到球的旁边，宝宝会自己将球踢出去，反复进行几次。

＊游戏的好处

这个游戏可以锻炼宝宝的下肢力量，训练其腿部运动能力，为宝宝站立和走路做准备，并提高宝宝的运动智慧。

＊专家面对面

用来游戏的球，其质地一定要软，避免宝宝磕碰而受伤，软橡胶或有弹性的塑料均可，最好为彩色条纹的，这样滚起来的时候会比较醒目，可以提高宝宝"踢"球的兴趣。

此外，球的大小要合适，不要太小，因为此时宝宝"踢"的准确性尚不高。大一点儿的球，有利于宝宝命中率的提高，增强他玩游戏的信心。

80后妈妈育儿经

向这些让宝宝不喜欢的习惯说不

很多妈妈偶尔会抱怨宝宝自私、动手能力差、畏手畏脚……有没有想过是自己无意识地培养的呢？宝宝只是不会说而已，说不定他内心也在抱怨他的妈妈呢，宝宝不喜欢什么样的妈妈呢？通过我们的观察和经验，总结了以下几种类型，希望能帮妈妈们起到无则加勉，有则改之的作用。

*1.溺爱型妈妈

特点：好东西自己舍不得吃，总是留给宝宝吃；自己舍不得穿，却把宝宝打扮得漂漂亮亮。

后果：容易培养出自私的宝宝，处处以自我为中心，觉得一切都是理所当然的。

聪明妈妈育儿经：我和宝宝抢着吃

我宝宝刚1岁，在她刚出生的时候，我看到院子里有一个3岁的小朋友，想要的东西没得到，就哭闹不止。他喜欢吃的东西谁也别想吃。

我想我的宝宝决不能这样，从她8个月开始，我就有意识地培养她学会分享。吃苹果时，我们一人吃几片；吃糖果我们先拿几颗；喝酸奶时，我们一人一瓶。刚开始与宝宝分吃总有些于心不忍，时间一长，我习惯了，她也习惯了。现在每次她吃东西的时候，总是说："妈妈，吃大的。"

*2. 勤劳但不爱读书型妈妈

特点：整天沉湎于家务、电视和打牌，却让宝宝学这学那。

后果：没有榜样和学习的氛围，宝宝很难形成良好的学习习惯，很难发自内心地去学习。

聪明妈妈育儿经：把家办成一个小小的图书馆

让宝宝喜欢学习，首先自己要有固定的读书时间，耳濡目染要比强迫说教更能让宝宝接受。我和丈夫列出了一个计划，我们把晚饭后的半小时定为家庭读书时间，把一切家务事都停下来。丈夫看报，我看小说，1岁的女儿看图书，然后我们谈谈读书心得。

*3.忧郁型妈妈

特点：整天情绪不稳定，高兴不高兴都挂在脸上。

后果：让宝宝无所适从，性格扭曲。长大后自卑、胆怯，不能乐观地面对一切。

聪明妈妈育儿经：每天把微笑当成一种习惯

性格决定命运，宝宝性格的好坏直接关系到他的将来。一个健康的宝宝首先是心理健康，我的法宝就是每天把微笑挂在脸上。我知道这很难，但为了宝宝，我必须这么做。

从宝宝2个月开始，我就坚持每天对她微笑，而且我和老公在女儿面前从来不吵架，不说重话，彼此尊重，给宝宝创造一个平和的环境。女儿特别爱笑，性格很平和，对着陌生人都会主动微笑。

*4.（太）讲卫生型妈妈

特点：什么东西都怕让宝宝摸，认为会把小手弄脏。

后果：宝宝习惯了妈妈安排的一切。动手能力差，没有探索精神。

聪明妈妈育儿经：小手多动才会聪明

女儿喜欢小手到处摸，我从来不限制她。在家里，她把颜料弄得满手满身，还想尝试着用小剪刀，我都会鼓励她。在室外，我让她抓沙、玩泥巴，衣服脏了，换一下就行了；手脏了，回家及时洗，千万别为了省事，约束宝宝的行为。

在宝宝的天空里，自然的万物就是他兴趣的源泉。所以，不要做让宝宝抱怨的妈妈，要让你的宝宝发自内心地喜欢你哦！

婆媳
育儿过招

宝宝应比别人多穿一件衣服还是宝宝穿太多不好

* 婆婆有话说：多穿有理

宝宝不能跟大人比，孩子容易着凉感冒，至少要比咱大人多穿一件，天气冷了就要戴上帽子，穿上夹袄。在屋子里也得多穿一件，我家孙子没感冒过，多亏了一直穿得多一点。

* 媳妇有话说：穿太多不好

不能穿太多的，宝宝要适应环境，耐寒能力是训练出来的，总是穿那么多，以后就只能更多不能减少的了，是害了宝宝啊。

育儿一点诀————

宝宝穿衣是否合适，可以经常摸摸他的额头、手心、脚心。如果温热说明穿衣合适，如果潮热说明穿得有点多了。

* 专家面对面：

这位婆婆的观点也不是全没有道理，天气冷的时候给宝宝穿暖和点，可以抵御冷空气，防止感冒。

但是穿得太多，也会增加宝宝生病的概率，宝宝调节体温的能力比较差，过多的衣服或被子的包裹会让宝宝感到燥热，经常出汗，遇到冷空气时，又不能自动调节体温，就会出现感冒。还有一些小婴儿，因为包裹得多，出汗过多，体温过高，在冬天也会出现"中暑"症。

这位妈妈的观点也是有道理的，适当地少穿一点可以提高宝宝调节体温的能力，锻炼宝宝适应温度变化，在宝宝能承受的情况下，让宝宝比大人少穿一件。

让宝宝听乡音好还是跟宝宝说普通话好

* 婆婆有话说：乡音有理

我们这个年纪要说一口纯正普通话是不行的了，说起来拗口，在外人面前一说总觉得别扭，等孩子上了幼儿园自然会说普通话了，何苦要我们出这个洋相呢。平时在家还是跟宝宝说家乡话自然，再说宝宝就算不在家乡出生，也不能忘了乡音呀。

* 媳妇有话说：口音要统一

将来宝宝跟人交流几乎都要使用普通话的，宝宝正是接受发音练习的阶段，跟他讲普通话更好。如果家人都与他说家乡话，出门散步遇到邻居朋友要改成普通话，这样也不利于宝宝接受和理解。

* 专家面对面：

宝宝语言能力除了受遗传影响，语言环境也很重要。在宝宝学说话的时候，如果家里语言环境比较复杂，最好能统一口音。宝宝听到一致的发音，才能理解你说的是什么，之后再模仿你的发音。复杂的语言环境，容易让宝宝混淆，不知道该随从哪个，最后往往是有选择的说话，甚至不说话。

统一口音并不是说大家一定要都说普通话，只要发音一致，即使带点口音也没关系。宝宝到了3岁以后，能控制自己的语言后，再帮他纠正成普通话也不迟。

Part 10

养育9~10个月宝宝

身体发育标准

	女宝宝	男宝宝
身高	66.5~76.4厘米，平均71.5厘米	68.7~77.9厘米，平均73.3厘米
体重	7.5~10.9千克，平均8.5千克	8.2~11.4千克，平均9.2千克
头围	43.6~46.2厘米	44.8~47.4厘米

宝宝的
生长发育

到这个月，宝宝的身长会继续增加，但由于体重变化不快，因此给人印象是宝宝比以往瘦多了。

宝宝越来越可爱了，在这个阶段各方面都有了进一步的发展，能独自坐很长时间，会爬行，自己能够扶着栏杆在小床上或围栏里来回走或用学步车来回走。手的动作也更加自如，能双手玩玩具，可指着东西提要求，能模仿大人的动作，陆续又长出2~4颗牙，和大人的交流也越来越多。

* 宝宝的情感分离焦虑

这一时期的宝宝对妈妈更加依恋，这是分离焦虑的表现，正如他开始认识到每一个物体都是独特而永恒的，他也会发现妈妈只有一个。

当妈妈走出他的视野时，他知道你在某个地方，但没有与他在一起，于是他会很紧张，因为他几乎没有时间概念，不知道你什么时候回来，或者会不会回来。

宝宝的情感分离焦虑通常在10~18个月期间达到高峰，在1岁半以后慢慢消失。

妈妈不要抱怨他的占有欲，尽你的努力给宝宝更多的关心，让他有好心情，你的行动可以教会他如何表达爱并得到爱，这是他在未来许多年赖以生存的感情基础。

宝宝的营养

宝宝的辅食添加食谱

＊腊肠西红柿

将西红柿洗净，用热水烫后剥去皮，去籽后切碎；腊肠切碎。锅置火上，放入油，下入西红柿末和腊肠末略炒，加少许水，边煮边搅拌，并用勺子背将其研成糊状，加入少许精盐，使之有点咸味，即可食用。

＊虾末什锦菜

虾2只放入开水中煮后剥去皮，切碎；豆腐1／10块，嫩豌豆苗4根洗净后切碎，将切碎的生香菇少许，加入海味汤中煮5分钟，再加入虾末、豆腐末、豌豆苗末，开锅后5分钟，加入白糖、酱油、香菜末各1小勺，香油2滴，盐少许，即可食用。

＊地瓜鳕鱼饭

地瓜30克去皮切成0.5厘米的方块，浸水后用保鲜膜包起来加1大匙水。用微波炉加热约1分钟；鳕鱼肉50克用热水烫过；将白米饭2/3碗倒入小锅中，再将水、处理过的地瓜、鳕鱼肉及绿色蔬菜放入小锅中一起煮熟即可。

＊豆腐软饭

将大米400克淘洗干净，放入小盆内加入清水，上笼蒸成软饭备用；青菜250克择洗干净切成末；豆腐250克放入开水中煮一下，切成末；将米饭放入锅内，加入适量的肉汤一起煮，煮软后加豆腐末、青菜末稍煮即成。

＊西红柿鱼肉

鱼肉100克放入开水中煮后，除去骨刺和皮；西红柿70克用开水烫一下，剥去皮，切成碎末；将汤200克倒入锅内，加入鱼肉；稍煮后，加入切碎的西红柿、精盐，再用小火煮至糊状。

＊猪肉水饺

将菜150克剁成碎末，挤去水分；猪肉350克剁成蓉，加入精盐15克、葱、姜末拌匀，再加入适量的水调成糊状，最后放入菜末拌成馅备用；将面粉500克加冷水250克和成面团，揉匀，搓成细条，按每500克干面210个剂子下剂，用面杖擀成小圆皮，加馅，包成小饺子。

先用开水将要吃的饺子煮至八成熟捞出，放入鸡汤内煮，加入精盐、紫菜即成（剩余的饺子可分装速冻，留待以后要吃时再煮）。

宝宝的护理

让宝宝养成好的睡觉习惯

宝宝睡觉是生理的需要，当他的身体能量消耗到一定程度时，自然就要求睡觉了。要培养宝宝良好的睡眠习惯，妈妈要做到：

1 每当宝宝到了睡觉的时间，只要把宝宝放在小床上，保持安静，他（她）躺下去一会儿就会睡着。

2 如果暂时没睡觉，让宝宝睁着眼睛躺在床上，不要逗他（她），保持室内安静，过不了多久，他（她）也会自然入睡。

3 不要抱着宝宝睡觉；不要手拍着宝宝，嘴里哼着儿歌，脚不停地来回走动；不要给宝宝空奶嘴吸吮，引诱宝宝入睡，这些坏毛病导致宝宝要睡觉时，必定闹，不拍不抱睡不着，久而久之养成依赖大人、缺乏自理能力的不良习惯。

4 9~10个月的宝宝随着智力的发育，活动内容的增多，玩得太累，受的环境刺激太多，睡觉时会做梦，有时刚入睡会哭，一哭就醒。此时，只要父母在他的床边，宝宝看见父母，便又入睡；如果父母把宝宝抱起来，放进自己的被窝或拍睡，久而久之，有的宝宝就会养成一定要父母陪着睡觉的坏习惯。

注意宝宝蹲坐、站立和扶走的安全

这个阶段的宝宝会爬会站，还能扶着走，这是好事，但更要注意安全了，以免宝宝因为在行动过程中造成不必要的磕伤碰伤。

＊蹲坐的安全

这段时期的宝宝，不但能不费劲儿地自己坐着玩，而且自己还能从卧位坐起来，身体的灵活性更会增加，你应该注意看着宝宝，不让他在蹲坐的时候摔着自己。

＊站立的安全

大多数10个月~1岁的宝宝已能够自己拉着东西（如小床的栏杆、妈妈的手等）站起来了，发育快的宝宝能什么也不扶地独自站立一会儿了。

宝宝刚学会站立时，往往还不会从站立位坐下来。因而，常常使站着的宝宝陷入困境。宝宝在长时间站立后，常常因筋疲力尽而烦躁哭闹。但父母帮他从站立位坐下时，他立刻又会忘记所有的疲劳而再次费力地使自己站起来。

这种状况持续时间不长，宝宝在学会站立后就会努力地学会坐下的动作。开始时，宝宝会非常小心地把屁股坐在双手能碰到的地面上，经过一段时间的练习之后，宝宝就能独立地站立和坐下了。这个时候宝宝身边不能缺少成人。

＊扶走的安全

大多数宝宝在学会站立后不久就能自己扶着床沿迈步或是由成人抓着一只手走路了。刚开始学习走路时，由于宝宝平衡功能还不完善，走起路来还东倒西歪，时而还会摔跤；有的宝宝用脚尖走路或走路时两腿分得很开，这些都没什么关系，一旦宝宝走路熟练了就会好的。

宝宝从躺卧发展到直立并学会迈步，是动作发育的一大进步，对于宝宝体格发育和心理发展都具有重要的意义。因此，家长要及时地教宝宝走路，并为宝宝学走路创造一些条件，如准备学步车、围栏、小推车、可推拉的玩具等，并可经常让宝宝扶着成人的手或竹竿学步。

宝宝会扶走的时候，你要时刻地看着他，避免危险情况的发生。

＊还需要注意的其他安全问题

这个月龄的宝宝手的动作更加灵巧自如，手眼协调也会进一步完善。由于活动范围进一步扩大，好奇心逐渐加强，喜欢用手到处乱摸乱拿，如拔电源插头、扭煤气开关，甚至打开热水瓶瓶塞，这对他们是很危险的。

因此，家长对他们的照顾要更加细心，丝毫不能粗心大意。家用电器的摆放应尽量远离宝宝经常活动的地方，活动插座应放在较高、隐蔽、安全的地方。插座最好选用加安全保险挡板的，并要经常检查，防止漏电。如果房间本身带的封闭式插座位置较低的，也应用适当的家具如桌子、书柜等加以遮盖，露在外表的电线要经常检查，如有破损，要及时更换。

宝宝的
成长测评

宝宝能力发展综述

肢体运动：10个月的宝宝能够独立站起来。如果有人在前面引导，会猛然向前跑两步，但平衡性较差，当站立一段时间后，会害怕地再坐下。双手能够分工合作，会把两样玩具放在一只手里，腾出一只手去玩别的玩具。

语言能力：宝宝10个月是模仿力最强的时候，所以这段时间大人要多教宝宝说话，为他的语言能力奠定好基础。

10个月的宝宝，会主动叫妈妈，这时的语言能力处于词和句子的萌芽时期，经常会重复一些词语，并能够理解大人反复说的话，会按照妈妈的吩咐去完成一个动作。比如他会听妈妈的话去拿某件东西。这时候大人如果多跟宝宝说话，有利于他积累更多的词汇。

视觉、听觉：宝宝在此时，能够很准确地靠声音定位，无论你在哪个方向叫他，或发出奇怪的声音，宝宝都能准确地把头转到声音所在的方向，无论是前后左右，还是上下。

情商：宝宝对周围事物的关注度达到了空前的程度。在新鲜的地方，会安静地到处看，收集信息。另外，此时的宝宝表现出了明显的占有欲，不愿给别的宝宝玩自己的玩具，也不让妈妈抱别的宝宝。还有，宝宝现在能感觉到妈妈的情绪，并与妈妈同喜同悲，还喜欢与人交往，经常会盯着陌生人看，但当陌生人看他时，他会感到害怕。

宝宝潜能提升方案

* 大动作能力发展提升　　* 精细动作能力发展提升

1. 扶行到独走

游戏功效：可以让宝宝渐渐过渡到独自也能走稳，训练宝宝身体的平衡能力。

操作方法：继续让宝宝扶物或扶手站立，并训练宝宝扶着椅子或推车迈步。可将若干椅子或凳子相距1尺让宝宝学走，也可以让宝宝在父母之间学走，距离渐渐加大。

父母扶宝宝学走时，先用双手，然后单手领着走。以后可用小棍子各握一头，待宝宝走得较稳时，父母轻轻放手，宝宝以为有人领着棍子，所以仍放心地走。

2. 站起坐下

游戏功效：训练宝宝腿部肌肉与脚掌的力量，为宝宝学会走路和定向跑做准备。

操作方法：继续9个月训练内容，能灵活由站着到坐下，由坐着到俯卧后再拉物站起，并行走。鼓励宝宝自由活动，进行各种姿势多种体位的活动。

1. 放进去，拿出来

游戏功效：促进了手、眼、脑的协调发展，还增强了宝宝的认知能力。

操作方法：在训练宝宝放下、投入的基础上，你把宝宝的玩具一件一件地放进"百宝箱"里，边做边说"放进去"。然后再一件件地拿出来，让宝宝模仿。这时你要指定宝宝从一大堆玩具中挑出一个(如让他把小猫拿出来)，每日练习1~2次。

2. 打开套杯盖

游戏功效：可以促进宝宝空间知觉的发展。

操作方法：拿一个带盖的塑料茶杯放在宝宝面前，向他示范打开盖、再合上盖的动作，然后让宝宝练习只用大拇指与食指将杯盖掀起，再盖上，反复练习，做对了就要称赞他。

＊语言能力发展提升

1. 模仿发音

游戏功效：使宝宝的语言发育能更进一步。

操作方法：继续练习模仿发音，扩大范围，应包括人称、物品名称、人的五官及简单的动词等，使宝宝在主动会叫"爸爸""妈妈"之外，还能说其他几个词，模仿大人说话的最后一个音。

2. 指图回答问题

游戏功效：训练宝宝对语言的理解能力，促进宝宝的智力发展。

操作方法：在父母用图画故事书为宝宝讲故事时，妈妈问"谁在吃萝卜"，宝宝会指着兔子回答。又问"小花猫要到哪儿去"，宝宝会指着河边作答。

＊生活自理能力发展提升

1. 捧杯喝水

游戏功效：训练宝宝手部动作的平衡能力。

操作方法：鼓励宝宝自己捧杯喝水，你应放手让宝宝做，宝宝能由洒漏渐渐熟练到不洒漏。

2. 穿脱衣服

游戏功效：宝宝能听懂并理解妈妈的指令，培养了宝宝的独立性。

操作方法：穿脱衣服时继续教宝宝配合。

＊社交行为能力发展提升

1. 模仿大人动作

游戏功效：反复练习，逐渐放手，宝宝会自己鼓掌欢迎。

操作方法：继续训练宝宝模仿大人动作。如见到邻居和亲友，爸爸拍手给宝宝看，妈妈把着宝宝的双手拍，边拍边说"欢迎"。

2. 寻找小球

游戏功效：可以让宝宝学会解决问题的办法。

操作方法：用一个边长1尺左右(正方形、长方形均可)的包装纸箱，上面开一个大约10厘米×10厘米的洞。在右下角另剪一个边长为5厘米的等边三角形出口，让宝宝从大洞投入一个小球，叫他摇动纸箱使小球从边角出口处漏出。

告诉宝宝从大洞里看看，哪一头亮就向哪边摇。宝宝起初会乱摇，后来他学会不必摇，让箱子斜着放，小球自然会滚出来。

1. 用食指表示1岁

游戏功效：使宝宝的思维能够通过动作表达出来。

操作方法：当大人问宝宝"你几岁了"时，妈妈教宝宝竖起食指表示自己1岁。几次之后，宝宝会竖起食指表示1，如问他"你要几块饼干"，宝宝会竖起食指，表示要1块。妈妈只给宝宝1块，巩固宝宝对"1"的认识。

2. 模仿动作

游戏功效：培养宝宝的观察能力和手眼协调能力。

操作方法：和宝宝一起玩，训练宝宝有意识地模仿一些动作，如自己拿着碗喝水，拿勺在水中搅一搅等，每次可教一个动作，反复教至学会为止。

3. 识图、识字

游戏功效：训练宝宝的观察力和记忆力。

操作方法：继续认识图片卡及各种物品。待宝宝认识4~5张图片后，让宝宝从一大堆图片中找出他熟悉的那几张。一旦找出来，你就要大加赞赏和鼓励。

在图卡中加入1~2张字卡，宝宝也能找出。

4. 认识自己的身体

游戏功效：培养宝宝的理解能力以及记忆力。

操作方法：继续通过镜子做游戏，与大人面对面地学习，宝宝可以认识脸上器官、手、脚、肚子等部位并指认身体部位3~5处。

宝宝的游戏时间

舞动的彩虹

锻炼宝宝协调能力

难易程度：★★★

* 游戏前的准备工作

七色彩纸若干张。

* 游戏技巧

妈妈拿起一张纸，撕成一条一条的。

再拿起一张纸，握住宝宝的双手，帮助宝宝将纸撕成一条一条的。

让宝宝抓住各种颜色的纸条抬起手臂，做挥舞状，告诉宝宝这是七彩虹在跳舞。

递给宝宝一张彩纸，鼓励宝宝独立将纸撕成条状。

* 游戏的好处

宝宝能将纸撕成条，说明大拇指和其他手指协调配合，手的精细动作进一步发展，促进宝宝感知运动

思维和探索世界能力的进一步发展。

一定数量动作技能的掌握可以帮助宝宝及早摆脱对成人的依赖，学会独立自由地活动，从而开阔眼界、增长知识。

* 专家面对面

你不要把宝宝平时的撕扯行为当作破坏行为予以制止。研究表明，手指与大脑之间存在着非常广泛的练习。如果宝宝的手指非常灵活，则其触觉会更加敏感，以后就会更聪明、更富有创造性，其思维也会更加开阔。宝宝手部小肌肉动作能力的发展，可以促进思维能力的进一步发展。

你不用为撕了满地的纸感到烦恼，可以准备一个小盒子或小筐，指导宝宝把散落在地上的彩带捡起来，放回小盒子里。看到自己的收获，宝宝也会很开心。

推小球

* 游戏前的准备工作

塑胶球或乒乓球1个。

* 游戏技巧

妈妈和宝宝各坐在桌子一头，一起玩球。

妈妈把球推给宝宝，尽量让宝宝接住。

鼓励宝宝把球推给妈妈。

也可以准备一个稍大的皮球，爸爸踢给宝宝，让宝宝"接住"，再"踢回"给爸爸，妈妈扶着宝宝来进行游戏。

* 游戏的好处

这个游戏需要眼睛与小手的配合，一方面锻炼了手部活动的准确性，同时也发展了视觉追踪以及与手部运动的和谐配合能力。

这个游戏通过宝宝和妈妈"来回给东西"，体现宝宝交往行为发展的一大进步，宝宝能体会游戏意图，并做出积极的社会性反馈，体现出较高的社会交际能力，有益于塑造积极的人生态度。

* 专家面对面

注意使宝宝保持较高的情绪状态，避免机械重复，使宝宝厌烦、疲劳。

宝宝的交往行为系统既包括诸如微笑、兴趣、发怒、同情、内疚等情绪行为，也包括和谐共处、分享、交流、模仿等行为。和宝宝之间的互动游戏为宝宝将来应付更加复杂的社会关系做好了准备。建议妈妈在生活中多注意具有"来回给"性质的情境，让宝宝更多体验交往的乐趣。

让宝宝记性更好的几个实用小方法

通过早教，宝宝在这个阶段能够轻易地从一大堆的玩具中，挑出那个以前从没有见过的新玩具——这说明宝宝"记得"自己已经拥有的东西，这就是他们的"记忆"。

宝宝的记忆力很好，它就像一块海绵，能够不断地吸取水分，但值得妈妈注意的是，宝宝所擅长的这种记忆，其实是一种机械式的无意识记忆。他们能够直观地记住事物，但事实上他们对记忆的很多事物并不理解，容易遗忘。

所以，在早期教育的过程中，需要强调的是宝宝的有意识记忆，要用有效的方法培养宝宝良好的记忆习惯，让这块海绵能够最大限度地吸取更多的养料。

下面，我们给妈妈介绍几个蒙台梭利教育的实用小方法，它们能帮助宝宝练就好记性，妈妈可以尝试：

*1.适当重复法

0~1岁的宝宝记忆内容在头脑中保留时间较短，所以每隔一段时间，家长都应该重复给予宝宝刺激，巩固已有的记忆。

*2.形象辅助法

1岁以前的宝宝以形象记忆为主，他们对那些感兴趣的物体更容易记住。当爸爸妈妈让宝宝记忆儿歌、故事、字母、数字等抽象材料时，宝宝往往会表现出厌烦。这个时候就需要配上图片、动作或夸张的声音，在多种形象的刺激下，宝宝会更容易接受新的事物。例如，妈妈可以边讲故事边做动作，或将故事画成连环画，和宝宝边看图画边讲故事，这些都有助于宝宝对故事的记忆。

*3.目标物展示法

有的妈妈会拿着两个大小不一的玩具教宝宝认识"大"与"小"的概念。可是宝宝刚接触这两个词，并不懂它的意思。他很有可能将它们理解为："大的"就是指白色这个狗，"小的"就是这只黄色的小鸭子。正确的做法就是要充分考虑宝宝的理解能力，选用合适的道具。比如妈妈可以选用颜色、形状完全相同，只是单纯在大小上有所差异的玩具。这样就去除了宝宝在认识事物上的干扰因素，方便宝宝准确理解。

婆媳育儿过招

宝宝早走更健壮还是让宝宝多爬更好

* 婆婆有话说：早走有理

宝宝早些会走不正说明身体健壮吗，而且学会走路早的话也表示宝宝更聪明。

* 媳妇有话说：多爬更好

10个月前多爬比多走好处更多，书上说宝宝多爬能为将来的身体发育打个好基础，也能促进神经系统的发育，宝宝多爬爬没坏处。

* 专家面对面：

会走路标志着孩子今后活动范围将逐渐扩大，视野逐渐开阔，给体能和智力方面尤其是体质方面的发展提供了基础条件。但是在1周岁前并不是刻意训练走路的好时机，特别是胖宝宝，更不宜早走路。

婴幼儿运动功能的发育在儿童生理发育中是个缓慢渐进的过程。因为在宝宝早期的骨骼组织中含胶质多，含钙质少，骨质比较软弱，容易受外力的影响而变形。在他们的肌肉组织中，尤其是下肢比较娇嫩，肌纤维细软、含水分多。

如果练习走路的时间太早，全身的重量必为下肢所承受，往往容易使双腿产生弯曲和变形，出现"O"形腿或成"X"形腿，此外，足部负荷过重，会对脚造成损伤，严重的影响脚的发育，出现扁平足。有研究表明，太早走路还会影响宝宝视力的正常发育。

爬行对宝宝的好处很多：有利于锻炼颈部肌肉；有利于锻炼胳膊及腕的力量，对今后用笔涂鸦、用勺子吃饭都有好处；有利于锻炼宝宝的协调能力，使宝宝学会走路后，不易跌跤，增强动作的灵活性，还有益于宝宝的骨骼及神经器官的发展。

建议父母在宝宝能游刃有余地到处爬行，而且年龄也达到学走的标准时，再教宝宝学走路，这样不仅对宝宝的身体发展和健康有利，更对其成长有利。

专题页：
宝宝断奶计划，在爱与温柔中顺利过渡

随着宝宝逐渐长大，断奶也是必然的事。只是，断奶不像说说那么简单，几个月断奶最好？什么断奶方法对宝宝的心理和身体更有利，宝宝大哭着非要吃奶怎么办？断奶后宝宝不肯吃奶粉怎么办？断奶那几天宝宝是不是要变瘦了？妈妈们，关于断奶，你们准备好了吗？

*1.断奶的最佳季节

随着宝宝长大，母乳的营养成分和量已经满足不了宝宝生长发育的需要，因此随着宝宝咀嚼、消化功能的成熟，妈妈们就要及时让宝宝断奶了。

断奶的最佳时间应选择在春秋季节。如果按时间推算，宝宝的断奶时间正好赶在夏季的话，可以适当往后推一两个月，另外，宝宝的身体出现不适时，断奶时间也应当适当延后。

*2.断奶的最佳年龄

宝宝自从4个月开始添加辅食并逐渐地增加品种，一般6~7个月就可以吃稀饭或面条，先从每天一次加起渐增至2~3次。随着辅食的增加相应地减去1~3次母乳，到10~12个月基本预备充分就可以断奶了。当然时间不一，但最佳的时间是10~12个月，最迟不要超过2岁。

*3.断奶应该是有爱的温柔过程

最好的断奶过程应该是温柔的，循序渐进和充满爱的。我们并不赞同有的妈妈采取的"突然断奶"的方法。这样做不但妈妈自己会遭遇乳房胀痛，甚至是乳腺炎，宝宝也要很痛苦地适应从你温暖柔软的乳房到冰冷的塑料瓶子的转变。他会因为失去了"他的"乳房而非常伤心。

妈妈要掌握循序渐进的

方法，先考虑取消宝宝最不重要的那一顿母乳。

如果你拿着奶瓶喂他，他不肯接受的话(他一定是因为能闻到你的气息，知道"他的"乳房就在附近)，可以尝试由爸爸或者奶奶来喂他。最好是每隔一段时间取消一顿母乳，代之以奶瓶。这"一段时间"可能是几天，也可能需要几个星期。如果你觉得乳房胀得难受，可以适当挤掉一些。注意：只是挤出来一部分，而不是完全挤空。这样可以给你的身体传递一个信号，逐渐减少母乳的"产出"。

*4.断奶前的准备工作

断奶前应当做好充分的准备工作。首先，宝宝4~6月大时，就应当添加米粉，随后添加1/4蛋黄、肉泥、蔬菜泥、肝泥等辅食，辅食添加应当从少量到多量，从一种到多种，给宝宝的肠胃一个逐步适应的过程，并且能保

证宝宝足够的营养摄入。

断奶的过程中，除了应当及时添加丰富多样的辅食，让宝宝吸取更多的营养外，妈妈应当逐渐延长哺乳的间隔时间，逐步改变宝宝吃奶的固定习惯，同时开始训练宝宝用杯子喝水、用勺子吃饭的习惯，从而慢慢让宝宝改变"恋乳"的心理。

*5.三步法让宝宝不再恋乳

首先，减少宝宝吃奶的次数，在宝宝有饥饿表现时，让他吃些粥、烂面条等辅食，把食物做得软些、烂些、味道香、颜色好，以便吸引宝宝。开始时应让宝宝适应稀软的食物，以代替长期习惯了的母乳。每天要坚持，时间一长，宝宝会逐渐喜欢吃些食物，就不会只恋母乳了。

其次，不能用吸吮母乳的方式使宝宝闭目安静下来。宝宝在半岁以后，开始懂得了妈妈是自己最亲近的人，妈妈温暖舒适的怀抱，暖暖的乳汁，使宝宝感到安全，得到温暖，消除寂寞，

感情上得到极大的满足。特别当宝宝情绪急躁、哭闹时，妈妈的乳汁是安慰剂。久而久之，宝宝不仅饿了吃奶，在情绪急躁不安时也要寻求母乳，从而加剧了宝宝对母乳的依赖。

最后，依靠妈妈的决心和周围人的协助。例如，训练宝宝到睡眠时间愿意自己躺在床上，不能养成大人抱着入睡或含着妈妈乳头入睡的坏习惯；宝宝入睡时，妈妈可以守候在他的床边，让宝宝不担心与妈妈分离，使宝宝心里更踏实，能安安稳稳地入睡，渐渐地淡化宝宝对母乳的依恋。

* 专家面对面：

断奶完全没必要分离母子，传统上"分离母子好断奶"的做法并不可取，很可能非但不能成功断奶，还会影响宝宝生理、心理健康。长时间的母子分离，还会使宝宝缺乏安全感，特别是对母乳依赖较强的宝宝，还可能产生强烈的焦虑情绪，不愿吃东西，不愿与人交往，烦躁不安，哭闹剧烈，睡

眠不好，甚至还会消瘦、生病。

对宝宝而言，乳头上涂辣椒水、万金油或黄连之类的刺激物，简直是残忍的"酷刑"。黄连、辣椒水都是刺激性食物，对宝宝口腔黏膜有伤害。采取这样的断奶方式，对宝宝无疑是种突然打击，会使幼嫩身心受到伤害。

80
后亲密育儿

Part 11

养育10~11个月宝宝

身体发育标准

	女宝宝	男宝宝
身高	67.7~77.8厘米，平均72.8厘米	69.9~79.2厘米，平均74.5厘米
体重	7.7~11.2千克，平均8.7千克	8.4~11.7千克，平均9.4千克
头围	43.9~46.5厘米	45.1~47.7厘米

宝宝的
生长发育

宝宝现在也许已经能扶着东西走路了，虽然他走路的姿势是独特的，甚至有些东倒西歪，没有关系，再过一阵子，他就会走得熟练。不过，这时宝宝的安全就很重要了，爸爸妈妈需要将家里所有的危险因素都消除掉，尤其是桌子的棱角、热水壶等危险因素。

另外，此时的宝宝可能已经长出4~6颗牙齿。

宝宝的营养

断奶后如何保证宝宝的营养

宝宝断母奶后，其食物构成就要发生变化，要注意科学喂养。在照顾消化能力的前提下，膳食构成应做到数量充足、质量高、品种多、营养全。

宝宝在断奶后，妈妈要做到：

1 选择食物要得当，食物的营养应全面和充分，除了瘦肉、蛋、鱼、豆浆外，还要有蔬菜和水果。断奶初期最好要保证每天饮用一定量的牛奶。食品应变换花样，巧妙搭配。

2 提高烹调质量，注意食物色、香、味、形，选择多种食物。牛奶、瘦肉、鱼及蛋等优质蛋白应充分供应，新鲜蔬菜及水果不可缺，添加豆浆、豆腐等豆制品食物不能忘，各类食物应适量。

3 注意食物的均衡搭配，各类食物要粗、细粮搭配，动物性蛋白与植物性蛋白的比例应适宜，蔬菜与水果不能互相代替，每天保证吃600毫升牛奶，香油、食盐宜少不宜忘记。多给宝宝吃一些粗纤维含量丰富的食品，但一定要尽量做到细、软、烂等。

4 注意用餐习惯的培养，如宝宝自己用勺吃饭，纠正宝宝偏食、挑食等不良饮食习惯，适量、按时添加些零食。还要注意饮食卫生，食物应清洁、新鲜、卫生、冷热适宜。

5 一日三餐定时进餐。刚断母乳的宝宝，每天要吃5餐，早、中、晚餐时间可与大人统一起来，但在两餐之间应加牛奶、点心和水果。

育儿一点诀

断奶有适应期，有些宝宝断奶后可能很不适应，因而喂食要有耐心，让宝宝慢慢咀嚼。

宝宝饮食食谱

＊鲜茄猪肝

猪肝100克洗净，放在生抽、盐、糖制成的腌料中腌10分钟，去水后切成碎粒；茄子250克连皮洗干净，放在水中煮软，捞起剥皮，压成泥状，加入猪肝粒、面粉50克，搅拌成糊状，用手捏成厚块，放进油锅中煎至两面呈金黄色；西红柿洗净，用开水烫一下，剥去外皮，切块，放进锅中略炒，用水淀粉勾芡，淋在肝上即成。

＊西红柿鸡蛋饼

将豆腐20克除去水分并捣碎，放适量盐调味；将鸡蛋1个打入碗中加适量盐搅匀；将西红柿50克和柿子椒50克切成小碎块；将鸡蛋糊倒入煎锅煎成蛋饼，半熟时将其余食材放在上面。

＊鸡肝肉饼

豆腐20克放入滚水中煮2分钟，捞起沥干水，片去外衣不要，豆腐搓成蓉；鸡肝1只洗净，抹干水剁细；猪肉75克洗净，抹干水剁细；猪肉、鸡肝、豆腐同盛入大碗内，加入鸡蛋白1个拌匀，加入调味拌匀，放在碟上，做成圆饼形，蒸7分钟至熟。

＊猕猴桃蛋饼

将鸡蛋1个搅好并加入牛奶50克和盐搅匀，倒入煎锅煎成饼；将鸡蛋饼折三折呈长条状；将猕猴桃半个去皮切成小块用酸奶100克、白糖少许拌好；将鸡蛋饼盛入盘中，把拌好的猕猴桃放在上面。

＊排骨汤煮饺子

将煮熟的排骨肉切碎，加入洋白菜末、鸡蛋末，滴入酱油、香油少许拌匀制成馅，用小饺子皮包成饺子5~7个；将锅置火上，放入排骨汤，下入小饺子煮熟后，撒入香菜末、紫菜末、一点盐，使其具有淡淡的咸味即可。

＊清水煮荷包蛋

将小锅内加入250克水，倒入醋，将水烧开，使开水保持微开而不太翻滚时，将鸡蛋磕开后徐徐倒入水内，煮至蛋清凝固，蛋黄呈溏心儿时，捞入小碗内，稍凉即可喂食。

＊四喜小丸子

将肉馅100克放入盆内，加入鸡蛋1个、葱、姜末、精盐、香油、清水各少许，用手搅至上劲儿，待有黏性时，把肉馅挤成15个丸子待用；将鸡蛋、水淀粉调成较稠的蛋粉糊；将丸子放入小碗内，浇点高汤，加入精盐、料酒、葱姜末，调好味，上笼蒸15分钟即成。

宝宝的护理

如何给宝宝挑选合适的学步鞋

宝宝到了学走路的阶段，脚部骨骼发育尚不成熟，穿着不合适的鞋子会影响走路，还会造成足部损伤，宝宝学走路一定要有一双合适的学步鞋。

一双适合宝宝的学步鞋该怎么挑呢？下面几个因素是必须要考虑的：

尺寸：宝宝的脚趾碰到鞋尖，脚后跟可塞进大人的一个手指为宜，太大与太小都不利于宝宝的脚部肌肉和韧带的发展。

面料：布面、布底制成的鞋既舒适，透气性又好；软牛皮、软羊皮、绒布制作的鞋舒适而且安全。不要用人造革、塑料的鞋，不仅不透气，还易滑倒摔跤。

鞋面：鞋面要柔软，最好是光面，不带装饰物，以免宝宝在行走时被牵绊，以致发生意外。

鞋帮：刚学走路的宝宝，穿的鞋子一定要轻，鞋帮要高一些，最好能护住踝部。宝宝宜穿宽头鞋，以免脚趾在鞋中相互挤影响生长发育。鞋子最好用搭扣，不用鞋带，这样穿脱方便，又不会因鞋带脱落，踩上跌跤。

鞋底：会走的宝宝可以穿硬底鞋，帮助端正走路姿势，但不能太硬（把鞋底弯曲，鞋尖能接触到鞋跟就好），以胶底、布底、牛筋底等行走舒适的鞋为宜。鞋底要富有弹性，用手弯可以弯曲，防滑，稍微带点鞋跟，可以防止宝宝走路后倾，平衡重心，鞋底不要太厚。

育儿一点诀

每隔两周应注意检查宝宝的鞋是不是小了，摸摸看大指头离鞋面是否还有0.5~1厘米的距离，因为宝宝的脚生长比较快，鞋子穿一段时间后就会不合脚，要及时更换。

不要让宝宝长时间待在学步车里

宝宝运动能力发达起来后，可将他放入学步车内，宝宝可以朝着自己想去的方向前进，也可以在车内单独同安装在车上的玩具一起玩。

不过宝宝每次在学步车里待的时间不要超过半小时，有些父母一放进去就不管他，整日让宝宝在学步车里边玩，这样做对宝宝并不好：

＊1.失去锻炼机会

学步车把宝宝固定在其中，使宝宝失去学习各种动作的机会。如果宝宝处在学爬期，使宝宝得不到爬行的锻炼。如果宝宝处在学站、练走阶段，他不能独站，将来走路也会迟些。这不利于促进身体的全面发展。

＊2.对心智发育不好

宝宝缺乏同自身周围的各种事物的联系能力，他只会自己一会儿向左猛冲，一会儿向右猛冲；没有人接近他，会使他变成一个冲撞、激进的宝宝；父母忙于自己的事务，不与宝宝说话，也不牵着宝宝的手练习走路，宝宝的学习感觉、思维和语言发展会受到限制。

＊3.安全隐患大

宝宝因父母照顾不到自己而发生事故。因无人靠近宝宝，宝宝在学步车内到处猛冲，可能触着门的边沿、石头、地毯而使车翻倒，或墙边、桌角碰着宝宝的手，致使宝宝受伤。

育儿一点诀

学步车的使用期限非常短，宝宝一般1~2个月就能学会走路，因此，妈妈如果确定要买学步车的话，不妨考虑选用二手产品。当然，无论是全新还是二手的，车子的安全因素都是最重要的，使用时也一定要有大人陪护。

给宝宝睡木板床

宝宝的床采用木板制作为宜，因为人体的脊柱有四个重要的弯曲，即颈曲、胸曲、腰曲和骶曲，在婴儿身体各器官快速发育的同时，这些弯曲也在成形。

由于宝宝骨骼具有弹性大、柔软、不易骨折的特点，睡木板床可使脊柱处于正常弯曲状态，不会影响宝宝的脊柱正常发育。反之，如果睡弹簧床，无论采用什么体位，都会使宝宝脊柱处于不正常的弯曲状态，而且不利于宝宝睡觉时翻身，久而久之，可能会形成驼背、漏斗胸等畸形，进而还会使宝宝内脏的发育受到影响。

培养宝宝定时大便的好习惯

大便次数多少，同宝宝的饮食和体质有关。一般吃母乳的宝宝大便次数稍多些，每日3~4次，有的更多，只要大便没有什么异常现象就不必紧张。吃牛奶的宝宝，因大便含钙质较多，容易干燥，次数也少些。

大便前宝宝可能会吭哧、脸红、瞪眼、凝神等，如发现这种现象就立即为他把便。妈妈可发出"嗯嗯"的声音。

给宝宝把大便与小便不同，最好每天能固定一个时间来做，这样可以逐渐形成条件反射，使宝宝养成到时就大便的好习惯，这样对身体健康也很有利。

宝宝的成长测评

宝宝能力发展综述

肢体运动：宝宝在11个月时，双手拉着大人的两只手，能够慢慢地走路了，但平衡性仍然不好，走的时候，会前后左右地摇晃。

语言能力：宝宝的模仿能力仍然很强，并且非常喜欢模仿大人说话。开口时，往往会整串地发出大量音节，并且试图用语言回答问话或提出要求，当语言不足以表达时，会用动作代替，如他不想吃的时候，会使劲儿摇头。

情商：宝宝此时的自我意识进一步发展，更加依恋妈妈，也能够更加准确地执行妈妈的指令。他还会绕开或挪开阻碍他的东西，去拿到自己想要的东西。如果在这个过程中，遇到困难，就会大声哭闹，这是表示他遇到了挫折，感到很痛苦，需要妈妈为他排解困难。

宝宝潜能提升方案

* 大动作能力发展提升

1. 踢球

游戏功效：锻炼了宝宝大脑的平衡能力，促进了眼、足、脑的协调发展，还建立了"球形物体"能滚动的形象思维。

操作方法：宝宝已经能够扶着床栏、凳子、沙发等由蹲着到站稳，你可在距宝宝的脚3~5厘米处放个球让他踢。在踢来踢去的过程中，宝宝会十分开心。

2. 爬越障碍

游戏功效：在爬的过程中，宝宝的四肢得到充分活动，增强小脑的平衡能力，为日后宝宝的运动智能的发展奠定良好的基础。

操作方法：11个月的宝宝具有熟练的爬行技能和极强的攀高欲望，一刻不停地"攀上爬下"是这一阶段宝宝的特点，应创造条件和宝宝开展"爬大山"、"越障碍"的游戏。

* 精细动作能力发展提升

1. 乱涂乱画

游戏功效：训练宝宝控制手部肌肉的能力和手指的灵活性。

操作方法：可给宝宝笔和纸，笔以彩色蜡笔为宜，先训练扶着宝宝的手学握笔。比如给一条没有眼睛的鱼在鱼眼睛处点上小点，宝宝看到自己"会画鱼眼睛了"，十分兴奋，以后他会经常练习"作画"，实际上是胡乱涂画。

2. 将书打开又合上

游戏功效：可以在翻书中培养宝宝的专注度，养成其喜欢读书、爱学习的性格。

操作方法：听过用书讲故事的宝宝，懂得将书打开又再合上。未听过用书讲故事的宝宝，不懂得翻开书页，只会双手拿书调来调去，不会掀开。

无论是否听过故事书，或是否会开合，只要宝宝爱玩弄书本，就有教育的效果。

给宝宝翻的书最好画面大一些，字大而少，故事有趣。

* 语言能力发展提升

1. 用一个音表示要求

游戏功效：加强宝宝的语言能力。

操作方法：宝宝经常是用一个音表示他的各种意思和要求。如"妈妈走"的"走"可以代表"妈妈""妈妈走啦""去上街""自己走"等意思，要鼓励宝宝说出来，并做好翻译员。

还要诱导宝宝联想、比较，比如宝宝说"球"时，你可把各种颜色大小的球一个一个拿出来。告诉宝宝这是"红球"、那是"绿球"等，或这是"大球"、那是"小球"等。

2. 背儿歌、念唐诗

游戏功效：能够激起宝宝对这些朗朗上口的语言的兴趣，建立起韵律感知觉。

操作方法：根据宝宝的兴趣，给宝宝念押韵的儿歌、唐诗。

* 生活自理能力发展提升

1. 培养进餐习惯

游戏功效：可以让宝宝养成安静坐着吃饭的好习惯。

操作方法：给宝宝一个固定的座位，只有吃饭的时候才让他坐在那个座位上。

2. 学习用勺子

游戏功效：为以后宝宝自己吃饭打好基础。

操作方法：用一个玩具勺子在玩具碗内学习盛起小球、枣、药丸蜡壳等。有了这种练习，宝宝渐渐懂得用勺子的凹面将枣或小球盛入，放到另一个小碗内，这个时候，妈妈要表扬宝宝"真能干"。

*适应能力发展提升

1. 认识大和小

游戏功效：培养宝宝学会观察物体之间的不同并弄清楚大小概念。

操作方法：将宝宝喜欢的大小饼干各一块放在桌上，告诉宝宝，"这是大的"，"这是小的"。用口令让他拿大的和小的，拿对了就让他吃，拿错了就不让他吃，宝宝很快就能学会分辨大和小。

再用玩具和日常用品让宝宝复习，以巩固大和小的概念。比如玩大小积木等。

2. 会指图中特点部分

游戏功效：培养宝宝的观察力和记忆力，理解物体的构造、特点。

操作方法：让宝宝翻开动物画书，说出各种动物的特点，如小白兔的长耳朵、大象的长鼻子、娃娃的大眼睛等。

除了告知图中的物体名外，还要让宝宝注意事物的特点。复习几次后，可以问："兔子有什么?"宝宝会指耳朵作答。

*社交行为能力发展提升

1. 随声舞动

游戏功效：多次重复后，宝宝能随音乐的节奏做简单的动作。

操作方法：经常给宝宝听节奏明快的宝宝音乐或给他念押韵的儿歌，让他随声点头、拍手，也可用手扶着宝宝的两只胳膊，左右摇身。

2. 平行游戏

游戏功效：培养宝宝愉快的情绪。学步的宝宝如在一起各拉各的玩具学走，能互相模仿，互不侵犯，加快独走的进程。

操作方法：让宝宝与小伙伴、家长一起玩，找出相同玩具同小朋友一块玩。开始学步的宝宝会拉着自己的玩具摇晃着走。

宝宝的游戏时间

和爸爸玩滑梯

锻炼宝宝协调能力
难易程度：★★★

＊游戏前的准备工作

较大的活动空间。

＊游戏技巧

爸爸坐在沙发上，双腿自然垂放，略向前伸，妈妈将宝宝抱放在爸爸的膝盖上。

爸爸用双手扣住宝宝的腰部。

爸爸放松膝盖，慢慢地将宝宝往下放，用双臂的力量帮助宝宝向下运动，并对宝宝说："滑滑梯喽。"

妈妈在下面张开怀抱，迎接宝宝，当宝宝滑下的时候，把宝宝抱住。

＊游戏的好处

这个游戏可以大大地增进宝宝和家人的身体接触、语言接触的机会，促进身体平衡能力的发展。

宝宝能够积极配合成人的行为，为其日后生活自立能力以及积极的社会交往能力的形成奠定基础。

＊专家面对面

最好在游戏区的地上铺上一层软垫或地毯，以防宝宝意外受伤，有的宝宝比较胆小，开始可能会害怕，爸妈妈要鼓励宝宝大胆地向下滑。

对宝宝来说，通过感官的情绪教育非常重要。知识会被遗忘，但是通过感官学习的情绪教育却会受益一生。对这个时期的宝宝而言，最重要的是培育其拥有一颗温暖的心。

布娃娃坐飞毯

＊游戏前的准备工作

准备枕巾1条，小号的玩具娃娃1个。

＊游戏技巧

将宝宝放在床上，慢慢地将枕巾平铺在宝宝面前，让枕巾边缘刚好贴近宝宝手能触及的范围。

妈妈拿起玩具娃娃，展示给宝宝看，然后把玩具娃娃放在枕巾中央。如果宝宝没有要过来拿玩具的意思，妈妈可以再次拿起枕巾上的娃娃，然后再将娃娃放到枕巾中央，吸引宝宝过来拿到娃娃。

宝宝如果伸出手向娃娃的方向爬，妈妈就可迅速地将枕巾拽离宝宝一小段距离，重复拽动，直到宝宝意识到枕巾和娃娃的关系后停止。

让宝宝模仿自己拽动枕巾，鼓励他通过拽动枕巾，拿到娃娃。

＊游戏的好处

这个时期宝宝运动范围比较大了，接触的事物也比较多，宝宝的智慧也在慢慢地成长着。

这个游戏可以锻炼宝宝解决问题的能力。如果宝宝能顺利解决困难，就说明宝宝解决问题的能力在游戏中得到了提高，初步的逻辑思维已经形成了。

＊专家面对面

这个游戏对于宝宝来说有一点难度，游戏中家长要有耐心，不要急于求成，不要期待宝宝一下子就想到"拽枕巾"这个办法，另外还要特别注意保护宝宝的自信心，游戏时间不能太长，最好不要超过5分钟。如果宝宝在预定时间内没有想到拽枕巾，也应中止游戏，以后再玩。

如何让宝宝爱上学习

没有一个宝宝是天生不爱学习的。

学习是生存和发展的需要，而长大的宝宝有很多不再爱学习了，这往往与大人的行为习惯有关。

*让宝宝不爱学习的三个行为

1 首先是大人没给宝宝提供足够的机会

比如当宝宝自己能够抬起头时，就特别喜欢被竖着抱起来，以便更好地欣赏漂亮的家饰，但如果因为家长害怕会伤到宝宝而不敢竖着抱，结果不仅限制了能力的发展，还打击了宝宝求知的冲动。

2 还可能是家长磨灭了宝宝探究的冲动

小小孩儿能够专注游戏的时间是很短暂的，以后随着各方面能力和自我控制能力的提高而逐渐延长。家长如果能够恰当地进行引导，会大大提高宝宝的学习能力。如果家长频繁地给宝宝变换玩具，这看上去是在哄宝宝高兴，但实际上却涣散了他的专注力，让宝宝感到疲惫和无能，渐渐地失去了探究的信心和冲动。

3 最常见的是给宝宝施加了过多的压力

这会令宝宝感到学习是一件烦恼的事。过于追求教育的成功，没有足够方法和技巧的家长，在宝宝眼里是一个笨拙而乏味的老师，自己不仅难以学到本领，连学习的兴趣都大大减退了。

* 让宝宝不爱学习的两种心理

1 揠苗助长心理。生活在竞争激烈的环境中，妈妈们压力很大，这种压力自然而然地会转嫁到宝宝身上，父母对宝宝寄予一定的期望是合理的，能促进宝宝的发展，但这种期望若是过度，超出了宝宝的能力范围，则违反了自然规律，不利于宝宝的发展。

2 求全心理。父母要求宝宝成为完美的人，经常拿别人的特点和自家宝宝比较，用挑剔的目光审视自己的宝宝。当别人家宝宝某一方面能力强时，也要求自己的宝宝这一方面能力强，而不顾个体间的差异。

* 让宝宝爱上并学会学习的几点对策

1 了解宝宝。在生长的每一阶段，宝宝会有不同的能力呈现优势，家长要先有所了解，找出宝宝的优势在哪里，再按照宝宝的心理发育特点施以教育，这样才能取得事半功倍的效果。

比如3个月的宝宝一般会翻身了，就让宝宝学学翻身；10个月的宝宝想扶走，可以多扶着他走，1岁左右的宝宝想要学习走路，就培养他走路。

如果宝宝对于你找的特点不感兴趣，比如这个月他不爱扶走，喜欢玩皮球，那就让他玩好了，玩球能锻炼宝宝的运动能力、协调能力，不也很好吗?

2 尊重宝宝的个性差异。每个宝宝都是不一样的，即使是同月龄，由于环境、教育、自身特点等复杂因素，他们的心理、个性也不一样。有的宝宝活泼好动、有的宝宝安静沉稳，不能硬性地拿别人家的宝宝作为参照，来和自己的宝宝比较。

有的宝宝能认字，而有的宝宝虽字认得慢，但运动能力却比别人强，大人不能一概而论。

3 顺其自然，因势诱导。宝宝与成人一样，都有自己的兴趣爱好，也有各自的心理发展速度和潜能优势。有的喜欢画画、有的喜欢唱歌、有的喜欢体育，不要急

于让宝宝按照自己的意志逼孩子去学某种知识及技能，而应当安排多种活动，让宝宝有机会显示自己的优势。

在发现宝宝在某一方面有特长后，因势利导，给宝宝创造条件，让这一长处得到发挥，但切不可过早地定调，以免阻碍宝宝潜能的全面开发。

4 寓教于乐。教宝宝学习文化要掌握方法，可以用游戏的形式，让宝宝在玩中学，而不是像成人上课一样。老师在上面教，学生在底下认真听讲。比如，你可以用纸写一个球字，然后粘在皮球上。在捡球的过程中，让宝宝看着字，对宝宝说："宝宝，这个字念球。"反复几次，宝宝很容易就记住了。

总之，家长是宝宝的第一任老师，是人生启蒙的老师，我们不必花更多的精力灌输甲乙丙丁，而应该认真研究如何保护宝宝学习的积极性，如何培养宝宝不断学习的基本能力。

80
后亲密育儿

$\mathcal{P}art\,12$

养育11~12个月宝宝

身体发育标准

	女宝宝	男宝宝
身高	68.9~79.2厘米，平均74厘米	71~80.5厘米，平均75.7厘米
体重	7.9~11.5千克，平均8.9千克	8.6~12千克，平均9.6千克
头围	44.2~46.8厘米	45.5~48.1厘米

宝宝的生长发育

12个月的宝宝喜欢用蜡笔乱涂，桌子、沙发、纸张，甚至是墙壁都可能成为他的画板。如果你不想为此而苦恼的话，最好给宝宝开辟一块属于他的小天地，让他尽情地发挥，你也许会有惊奇的发现。

宝宝1岁了，他长牙数量的多少会因个体而有所差异。

＊宝宝的左撇子与右撇子

人类的"左撇子"现象是一个令人迷惑不解的问题，在婴儿期比较难确定宝宝到底习惯用左手还是用右手。因为大多数婴儿在出生头一两年内都是双手并用的，两手的灵活度相当。宝宝在出生1~2年后，会慢慢地开始偏向使用哪只手，很少有婴儿在9个月前就开始对使用左手有偏好的。

有的爸爸妈妈觉得左撇子更聪明，所以从小有意识锻炼宝宝用左手，这是不好的。因为人是左撇子还是右撇子是天生的，与家族因素有关，有的家族会出现好几个，而有的家族则一个都不会出现，人群中大约有10%会习惯用左手，这是改变不了的，也无须改变。

如果强行要求宝宝使用左手或右手，可能会导致宝宝大脑混乱，破坏宝宝的成长规律。

宝宝的营养

断奶后怎样合理烹调宝宝的膳食

要保证宝宝获得足够的热量和各种营养素，就要在照顾到宝宝的进食和消化能力的前提下，在食物烹调上下功夫。

1.烹调要讲科学

蔬菜要新鲜，做到先洗后切，急火快炒，以避免维生素C的丢失。例如，蔬菜烫洗后，可使维生素C损失90%以上；蒸或焖米饭要比捞饭少损失蛋白质5%及维生素$B_1$87%；熬粥时放碱，可以破坏食物中的水溶性维生素；油炸的食物大量破坏其内含的维生素B_1及B_2；肉汤中含有脂溶性维生素，既吃肉又注意喝汤，才会获得肉食的各种营养素。

2.做宝宝喜欢的食物

宝宝对周围的事物充满了好奇，并对食物的色彩和形状感兴趣。例如，一个外形做的像一只小兔子的糖包就比一个普通的糖包能引起宝宝的食欲。当食物的外形美观、花样翻新、气味诱人时，会通过视觉、嗅觉等感官，传导至宝宝大脑的食物神经中枢，引起反射，从而刺激食欲，促进消化液的分泌，增加消化的吸收功能。

3.适合宝宝食用

婴幼儿消化系统的功能尚未发育完善，所吃食物必须做到细、软、烂。面食以发面为好，面条要软、烂，米应做成粥或软饭，肉、菜要斩末切碎，花生、栗子、核桃、瓜子要制成泥、酱，鱼、鸡、鸭要去骨、去刺，切碎后再食用，瓜果类均应去皮、去核后喂。

4.不吃有害食物

不新鲜的瓜果，陈旧发霉的谷类，腐败变质的鱼、肉，不仅失去了原来所含的营养素，还含有各种对人体有害的物质，食后会引起食物中毒。这类食物在宝宝膳食中，应是绝对禁食的。

育儿一点诀

这个阶段的宝宝开始咿呀学语。但是，在喂饭时，不要再逗宝宝说笑。否则，食物颗粒有可能呛入气管，引发危险。同时，也不利于良好进食习惯的养成。

给断奶后宝宝喂食的小技巧

1 每次喂餐前半小时不妨给婴儿喝20毫升温白开水，可以提高婴儿的食欲。

2 这个阶段，婴儿对特定食物会表现出明显的好恶，大人不应该因此而对婴儿格外开恩，让他上顿接下顿地吃，这很容易助长婴儿偏食的毛病。正确的做法应该是，在保证营养足量的基础上，合理安排食谱，多注意变换烹调方式，以引起婴儿对所安排食物的兴趣。

3 防止婴儿肥胖。如果平均每天体重增长超过30克，大人要考虑为婴儿适当地限制食量，吃饭前先喝些淡果汁。食量大的婴儿要调整饮食结构，主食量可以减少些，多喝水。但要注意保证蛋白质的摄入，所以不要限制乳制品和蛋肉的量。

4 不要把时间都花在厨房，花点时间陪婴儿玩耍。这个阶段，婴儿能吃多种蔬菜和肉蛋鱼虾种类，大部分水果都能吃了，能和大人一起进食一日三餐，喝两次乳制品外不吃点心的婴儿多了起来，婴儿可以有更多的精力做游戏以及其他事情。不妨多带婴儿到户外活动一下，做做游戏，让自己和婴儿一起玩的时间多起来。

5 要正确理解婴儿的信号。当婴儿看见食物不兴奋时，多是因为不想吃，这时不要逼着他吃，每天吃的食物量不会完全相同，偶尔吃少一点是正常的，尤其是天气炎热时，婴儿食欲会下降，食量会减少。当然，婴儿不舒服时食量也会减少，大人一定要留心。

6 要分析和辨别各种信息。身处信息社会，信息量大了难免会出现不一致的观点。对于某些应该这样，不应该那样的信息，不要只听一家之言，由于不一定经过验证，因而不一定正确，这个时候大人要学会辨别，有的个别经验并不一定适合自己的婴儿。

宝宝饮食食谱

* 番茄酱饭卷

将1/2个鸡蛋调匀后放平锅内摊成薄片；切碎的胡萝卜、葱头各2勺用油炒软，加入番茄酱2勺、软米饭1小碗拌匀；将混合后的米饭平摊在蛋皮上，卷成卷，再切成段即成。

* 疙瘩汤

将鸡蛋磕破，取鸡蛋清与面粉和成稍硬的面团，揉匀后擀成薄片，切成黄豆粒大小的丁备用；虾仁切成小丁，菠菜洗净，用开水烫一下，切碎；将高汤放入锅内，下入虾仁丁，汤开后加入面疙瘩，煮熟，淋入鸡蛋黄，放入菠菜，滴入香油，加点盐，盛入小碗内即可喂食。

* 清烧鱼

鳕鱼肉150克洗净，用盐、葱、姜浸透；将鱼肉入锅煎片刻，加少量的白糖和水，加盖焖烧约15分钟即可。

* 土豆饼

将土豆1个用擦菜板擦好，西蓝花2朵用开水焯一下；将土豆、西蓝花、面粉50克、牛奶20毫升和在一起搅匀；锅里放食油，把拌好的原料煎成饼。

* 鱼肉蒸糕

将鱼肉20克切碎，加洋葱末10克、蛋清1个、盐放入搅拌器搅拌好；拌好的食材捏成有趣的动物形状，放在锅里蒸10分钟。

宝宝的护理

宝宝的玩具卫生

玩具是宝宝日常生活中必不可少的好伙伴。但是，宝宝玩耍时常常喜欢把玩具放在地上，这样，玩具就很可能受到细菌、病毒和寄生虫的污染，成为传播疾病的"帮凶"。根据细菌学家的一次测定：把消毒过的玩具给宝宝玩10天以后，塑料玩具上的细菌集落数可达3000多个，木制玩具上达近5000个，而毛皮制作的玩具上竟多达2万多个，这是一个多么可怕的数字啊！

可见，玩具的卫生不可忽视，你要定期对玩具进行清洗和消毒。玩具的材料不同，所采取的消毒方式也不一样。

一般情况下，皮毛、棉布制作的玩具，可放在日光下曝晒几小时；木制玩具，可用煮沸的肥皂水烫洗；铁皮制作的玩具，可先用肥皂水擦洗，再放在日光下曝晒；塑料和橡胶玩具，可用市场上常见的84消毒液浸泡洗涤，然后用水冲洗、晒干。

另外，你要教育宝宝不要把玩具随便乱丢、乱放，家里要有一个相对固定的宝宝所玩耍的场所，有条件的家庭可准备一个玩具柜或玩具箱，将玩具集中存放。不要把玩具拿到厨房或卫生间里玩。

教育宝宝不要把玩具放在嘴里咬。因为玩具上沾染的细菌很容易通过宝宝的手进入嘴里，一定要玩完玩具洗干净手才能吃东西。需要用嘴吹的玩具最好不要与人合玩，以防传染病交叉感染。

宝宝能走后要注意安全

这个时期宝宝已经能自己扶着行走或脱离家人的手独自行走，其好奇心强烈，你无法预测到宝宝会干出什么事情，往往容易发生一些意外的事故。

在这一阶段最易发生的事故是：摔倒，从楼梯上滚下去、烫伤、吃进异物，等等。因此，必须将一切可能导致宝宝危险的物品放到高处或放进抽屉中锁好，严防宝宝玩弄。特别是香烟、药品、化妆品、刀、剪等。

如果宝宝拿着一些可能会伤害他自身的物件，你不要慌慌张张地逼着宝宝放手，可以用其他玩具转移宝宝的兴趣，若无其事地从他手中将危险品换下来。

假如见宝宝想要用手去摸烫的东西时，你不妨赶快先将自己手指假装触一下后，急忙缩回，装着很疼很烫的样子喊"疼……""烫……"给宝宝看，宝宝就不会动手去摸了。

宝宝的脚步还不稳，头重脚轻，很容易摔跟头，而且脑袋也容易碰撞桌椅的棱角。因此，如果条件许可，让宝宝在空旷的房间里玩。危险的地方贴上海绵或橡胶皮，也可以达到防止发生危险的目的。

宝宝的成长测评

宝宝能力发展综述

肢体运动：这时的宝宝站起后，能够独立走几步，并且能在站着的时候弯腰拾东西或与人挥手说再见，还可以蹲下再站起。平衡感也有了进步，走路时晃动的幅度变小了。大人如果拉着宝宝的一只手，宝宝就可以与大人并排前行，但另一只手会高高举起，这有利于保持他的平衡。

语言能力：宝宝会说的话更多了，除了爸爸妈妈之外，经常教的词，能够说出大概5个以上的单词，并在说话的时候有动作或表情配合。如叫妈妈的时候，会眼睛看着妈妈，把手伸向妈妈所在的位置，说抱抱的时候，把两只手打开做拥抱状。

情商：宝宝害怕的东西越来越多了，尤其对自己没见过、没经历过的事物更加害怕。如果宝宝之前没有玩过会动的玩具，突然间一个玩具动起来，宝宝会表现得非常紧张。有的宝宝会非常害怕绒毛的玩具，妈妈可以引导宝宝逐渐熟悉这些陌生的事物，减少他的恐惧情绪。宝宝对妈妈的依恋依旧，另外，还有了一些自己独特依恋的东西，如某个玩具，某件用品，睡觉时，需要有这些东西陪着，才能安心。

育儿一点诀

温馨提醒：宝宝出牙

宝宝的牙在这一阶段还会陆续萌出，一般需要到24个月出齐，有的还会晚6个月出齐。在宝宝萌牙的时候，妈妈除了照顾好他的口腔卫生，还要带他检查一下口腔健康，尽早发现隐患，如出现牙釉质发育不全、龋齿等，可以尽早治疗。

宝宝潜能提升方案

* 大动作能力发展提升

1. 独走几步

游戏功效：增强宝宝的身体平衡性。

操作方法：训练宝宝能够稳定地独自站立，之后再练习独自行走，开始可在父母间学走，再到独自走几步，以后逐渐增加距离。拖拉玩具可以增加学走的兴趣。

2. 蹦跳

游戏功效：能培养宝宝控制身体的平衡能力并养成宝宝勇敢、坚强的品格。

操作方法：让宝宝双手扶床沿、沙发站稳，你可以喊着口令做双脚轻轻跳的示范动作。宝宝借助双手的支撑力量，模仿着用两脚踮动，你要鼓励并喊着口令。反复几次后，你一喊口令，宝宝就会随声踮动双脚。

* 精细动作能力发展提升

1. 翻书

游戏功效：训练宝宝精细动作能力，促进宝宝空间知觉的发展。

操作方法：拿专供宝宝阅读的大开本、有彩图、薄而耐用的书，边讲边帮助他自己翻着看，最后让他自己独立翻书。妈妈观察宝宝是否顺着看，从头开始，每次翻一页还是几页。

宝宝开始时可能不分倒顺和次序，要通过认识简单图形逐渐加以纠正。随着空间知觉的发展，宝宝自然会调整过来。

2. 手的动作

游戏功效：加强宝宝手的动作练习，训练宝宝动作的协调性。

操作方法：继续和宝宝玩多种玩具，如用积木接火车，搭高楼，可达2~5个。自己用瓶喝水，用勺吃饭，和同伴相互滚球或扔球玩，打开盒盖或瓶盖从中取东西等。

1. 主动发音

游戏功效：提高宝宝的语言理解力和语言能力。

操作方法：宝宝能有意识地叫"爸爸""妈妈"以后，还要引导他有意识地发出一个字音，来表示一个特定的动作或意思，如"走""坐""拿""要"等，从而能表达自己的愿望。与成人进行简单的语言对话。

切不可宝宝一举手，你就把索要物递给他，这样他就会停顿在动作语言期而不开口说话，造成语言发展滞后。

2. 念故事

游戏功效：训练宝宝的记忆能力以及空间想象能力。

操作方法：睡觉前可以给宝宝念一个短小有趣的故事，宝宝常常很快就能记住。他往往是机械的模式记忆，无意识记忆。如果念错了，宝宝会马上睁眼，盯着你，表示"你念错了"。宝宝会说话时，会立即反驳说："不对。"

1. 脱帽和戴帽

游戏功效：培养宝宝良好的生活习惯以及自己动手的能力。

操作方法：会用手抓掉帽子，也会抓起帽子戴到头上，而且戴稳。宝宝的动作并不精细，半圆形的帽子可以戴好，毛绒帽子就不会拉正，需要大人帮助。最好先用稍挺括的布帽练习。

2. 控制排便

游戏功效：培养宝宝良好的大小便习惯。

操作方法：逐渐懂得要求坐便盆，如便前自己找便盆坐下。

3. 上桌子同大人一起吃饭

游戏功效：使宝宝快乐，并能和家人分享不同味道的食物，增进食欲，宝宝自我意识随之增强，无意中就学会了独自吃东西。

操作方法：上桌子同大人一起吃饭，家长不能包办代替，只能帮助。

1. 学认颜色

游戏功效：训练宝宝的感觉能力和辨识能力。

操作方法：先认红色，如皮球，告诉他这是红的，下次再问"红色"，他毫不犹豫地指住皮球。再告诉他西红柿也是红的，宝宝会睁大眼睛表示怀疑，这时可再取2~3个红色玩具放在一起，肯定地说"红色"。

颜色是较抽象的概念，要给时间让宝宝慢慢理解，学会第一种颜色常需3~4个月。

颜色要慢慢认，千万别着急，千万勿同时介绍两种颜色，否则更易混淆。

1. 主动配合

游戏功效：培养宝宝良好的生活习惯。

操作方法：继续训练宝宝能配合大人的日常生活。如吃东西前会伸手让人洗手，吃完后会配合擦手洗脸，收拾干净等。

2. 用动作表达愿望

游戏功效：使宝宝能够用动作表达愿望，加强对动作的理解能力。

操作方法：将玩具和食品放在宝宝面前，训练他会用点头表示同意，用摇头表示不同意。每次给宝宝食物时，先让他点头表示同意，然后再给他。

3. 平行游戏

游戏功效：使宝宝感受有伴侣的快乐。人际关系中的互相帮助和分享玩具的情感会由此而建立。

操作方法：在宝宝和同龄小伙伴玩时，可以让每人手里拿着同样的玩具。在互相看得见处各玩各的玩具。如果玩具不同就会互相抢夺，互相看得见就会引起模仿，而且在小伙伴旁边还会引起表情和动作及表示意义的声音呼应。

宝宝的游戏时间

妈妈讲故事

锻炼宝宝协调能力
难易程度：★★★

* 游戏前的准备工作

图画书1本，室内、室外适宜的环境。

* 游戏技巧

妈妈拿出书对宝宝说："宝宝看，妈妈这里有一本很好看的书，书上有小兔子、小草还有大树，宝宝快来看一看。"

把书先给宝宝自己看，观察宝宝对书是否有兴趣，如果宝宝推开或翻了两下就把书扔了，妈妈可以把书拿过来，一页一页翻给宝宝看。

给宝宝看图画书的封面，告诉宝宝书的名字。

妈妈抱着宝宝边看图书，边把书中的内容讲给宝宝听并和宝宝朗读书中的文字。

* 游戏的好处

讲故事对于提高宝宝的言语听觉能力、倾听习惯以及语言符号识别能力都有非常重要的作用。翻书的练习，还可以刺激宝宝手指精细运动能力的发展。

妈妈在讲故事的过程中自然流露出的情绪情感，对于宝宝的情绪发展、社会交往技能的发展具有很强的影响。

* 专家面对面

选择图画书时要注意纸张不要反光，不要有很硬的书皮。

书的棱角最好是处理过的圆角，一般不要超过15页。

书的画面要大，最好是无字书或者文字非常少的书。

这个时候宝宝不会一页一页地翻书，可能每次会翻3~4页，妈妈不要着急。

给玩具换房子

* 游戏前的准备工作

各种玩具若干，玩具筐1个。

* 游戏技巧

把玩具筐放在沙发上，把各种玩具堆放在远处的地板上。

请宝宝将玩具捡起来，一个一个地搬运到玩具筐里。

宝宝每成功搬运一个玩具放到玩具筐里，妈妈就会数一次玩具筐里的玩具数，并告诉宝宝。

让宝宝一次只搬运1个玩具，拿得太多，宝宝掌握不好平衡。

当宝宝全部搬运完毕，妈妈要给予鼓励，并再次将玩具筐里的玩具数一遍。

* 游戏的好处

这个游戏可以通过弯腰—捡物—站起的动作，帮助宝宝锻炼肢体配合完成动作的能力，进一步发展其独立行走能力。

有意识地培养宝宝收拾物品的习惯，可以有效增加其自我服务的意识和能力，塑造其对自己的行为负责任的良好品格。

* 专家面对面

在这个时期，必须实行特别的安全措施，把药品放置到宝宝拿不到的地方。经常检查房间，看看地上是不是有钉子、剃须刀片等危险物品。这个时期的玩具体积必须大一点，以免宝宝把它们放进嘴里，造成危险。

妈妈在哪里

* 游戏前的准备工作

宝宝喜欢的小玩具1个。

* 游戏技巧

将宝宝抱到沙发旁边的地毯上，旁边放1个小玩具，让宝宝自己玩。

妈妈悄悄离开，躲到沙发后面。

妈妈轻声呼唤宝宝的名字，逗引宝宝起身寻找妈妈。

妈妈不断地更换位置，引导宝宝自己扶着沙发站起来，并且扶着沙发慢慢走。

* 游戏的好处

这个时候的宝宝已经能够自己扶着东西慢慢走了，但是胆子还比较小，这个游戏可以鼓励宝宝大胆地走，锻炼行走能力。

* 专家面对面

游戏前一定要注意清除沙发旁边的障碍物，以防宝宝不小心绊倒或摔伤。

游戏中，不要一味地让宝宝寻找，妈妈应适时地让宝宝"发现"自己，然后再次躲藏。

宝宝模仿秀

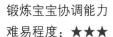

* 游戏前的准备工作

挑一个安静、适应的空间，和宝宝精神状态好的时间。

* 游戏技巧

将宝宝抱在怀里，或是让宝宝正对妈妈而坐。

妈妈对着宝宝说："小脑袋摇一摇。"同时做摇头的动作，示范宝宝模仿自己的动作。

妈妈对着宝宝说："小舌头伸一伸。"同时做伸舌头的动作，对小宝宝说："宝宝乖，小舌头伸出来，小舌头缩进去。"鼓励宝宝模仿自己的动作。

妈妈对宝宝说："小眼睛眨一眨。"同时做眨眼睛的动作，然后鼓励宝宝模仿自己。

妈妈对宝宝说："小手指挠一挠。"同时用手在宝宝面前做抓握的动作，对宝宝说："小手指挠一挠，挠一挠。"一边说，一边握着宝宝的手腕引导宝宝模仿。

* 游戏的好处

宝宝这时喜欢模仿身边亲近人的行为和动作，家长可以利用这一点，和宝宝做这种有趣的游戏。

游戏过程可以帮助宝宝认识身体各器官的名称，帮助宝宝提升语言能力和认知能力，还可以锻炼宝宝的注意力、记忆力及模仿能力。

* 专家面对面

所有动作都做对宝宝来说会有难度，家长可以分解游戏。一次游戏只让宝宝玩一种，比如今天玩摇脑袋，明天教伸舌头，分多次来模仿，宝宝的学习能力很强，一般几次就可以领悟了。

当宝宝学会全部动作之后，家长可以用念儿歌的方式来和宝宝游戏，一边念儿歌（小脑袋摇一摇，小舌头伸一伸，小眼睛眨一眨，小手指挠一挠），一边和宝宝一起做动作，这对宝宝动作的连贯性是有帮助的。

80后妈妈
育儿经

培养宝宝独立意识的经验

也许你会觉得，现在就考虑宝宝的自我意识似乎有点早，但实际上这对奠定宝宝自信心和成就感很重要，因为强烈的自我意识取决于一个人面对成就时的自豪感。

当宝宝会自己拿勺子吃饭，会坐便盆，会配合你给他穿衣服的节奏……他会有强烈的成就感，这能增强他的自信，将来更愿意自己去面对问题、解决问题。

宝宝的自我意识需要父母的帮助。当父母热情地和他一起游戏时，有很多方法可以使宝宝的独立意识得到提升，下面的经验便是其中的一些，妈妈们可以参考：

* 1.妥协

如果宝宝偏爱某种食物，比如爱吃胡萝卜，不爱吃米饭，妈妈可以做出妥协，满足他喜欢吃胡萝卜的爱好而放弃自己让他吃米饭的想法，这有助于提升他的自我意识。因为，这时你向他传达了一个信息：他的意愿很重要，你在支持他的选择！不过，与此同时妈妈不能放弃营养，可以将米饭做成其他形式，让宝宝不知不觉间吃下去。

* 2.拒绝

知道什么时候不屈从宝宝的要求，这同样重要。因为宝宝变得越来越好动，他会继续试探以搞清楚他能跑多远。不要主动答应他的所有请求，应该让他开始明白"不"的意思，他需要知道限度，你仍然是主宰者（即使他强烈反对）。如果你不确定在特殊情况下该如何应付，试问

一下自己是纵容还是严厉更能帮宝宝学习。如果你认为屈从宝宝的愿望对双方都不是最有利的，那就对他说"不"，并坚持原则。

*3.鼓励

宝宝需要从你对他的积极回应中获得自我肯定。当宝宝有了任何进步时，比如第一次捡起物品并放好，家长应该表现出赞赏，并轻拍他表示鼓励，很多时候，你应对宝宝说一些鼓励的话，而不是站在一边视而不见。

*4.交流

你的宝宝开始意识到自我，这意味着他需要有自己的时间玩或学。培养宝宝独玩的最好方法是养成和他交流的习惯，即使自己在一边干着自己的事时，也应留意宝宝的行为，在他需要交流的时候，及时地跟他说话或进行其他交流。

*5.关注

你的热情关注也会反映和增长他的成就感。用这种方法，即使当你没有赞赏他的成功，他也能想象出你的自豪，并能建立起自己内在

的自我价值感。你也应该有效地鼓励你的宝宝，发现自己的能力，并让他知道他需要你时你就在他身边。你需要找到培养独立性和保证安全之间的微妙平衡。

*6.掌握尺度

当你的宝宝拼命抓一个把手，或者当他努力够一个抓不到的玩具，你该怎么做呢？在这样的情况下，父母应该支持和鼓励他而不要熄灭他独立的火花。不应该只是简单地把玩具递给他，而应该帮助他自己独立地达到目标——例如，把玩具向他推近一点。但是，如果这样的挑战让宝宝独立做，会超出宝宝身体或是感情所能承受的范围，就不要勉强他——否则他会因为自己不能完成任务而产生挫败感。

婆媳 育儿过招

宝宝还小，啥都不知道还是宝宝也有心理意识

* 婆婆有话说：宝宝还小，啥都不知道

不到1岁的宝宝哪里会懂道理，只要让他吃好喝好睡好，他就能健康长大了，醒着时多陪他玩一玩，这样他就不会无聊得哭起来了，宝宝就是长身体的时期，哪会有心理毛病呢。

* 媳妇有话说：宝宝也会有心理问题

宝宝虽小，但他有感觉，还在肚子里时，我不开心就能感觉宝宝很烦躁，出生后他能听、能看，情绪不高时会哭，要是我们大人对他不够关心，他也会从心里不高兴的，所以应该关注一下宝宝的心理健康。

育儿一点诀

关注宝宝的心理，爸爸妈妈可以做的事情有：

1. 做一个权威民主式的父母，不要做溺爱、忽略和专制式的父母。既要给孩子合理的原则，又要给他无条件的爱。

2. 学一点儿童心理学知识，以使自己能顺应宝宝的心理规律。科学地养育宝宝，尽可能地避免因自己的不当养育方式给孩子带来心理上的伤害。

---

* 专家面对面：

这位妈妈的观点很正确。

婴儿虽不明白大人间的微妙关系，但是他们却能敏感地警觉周围发生的微妙变化。如果爸爸妈妈每天吵架，宝宝即使不明白父母在干什么，他们也能从中学会憎恨和仇视，他们的神情也会很忧郁，这是一种非语言信息交流。

非言语信息交流包括人的表情、态度、说话的语气、语调的高低等，这种信息作为言语信息的补充而存在，同样是非常重要的。对于出生到3岁的婴幼儿来说，他们还不懂许多道理，却很容易在情绪上受到外界环境的影响。

宝宝的疫苗接种计划

给宝宝实施免疫接种，现在已经被绝大多数父母接受并认可了。但是，还有相当一部分父母存在疑问，因为某些接种疫苗项目不是强制性的。多数父母心疼宝宝要挨那么多针，心里会有"不接种行不行"的疑问。那么，宝宝真的需要那些疫苗吗？

宝宝出生后接种的疫苗可分为两大类，一类是计划内疫苗，也叫一类疫苗；另一类是计划外疫苗，也叫二类疫苗。

一类疫苗：国家规定纳入计划的免费免疫，是宝宝出生后必须进行接种的。

二类疫苗：自费疫苗。只要经济允许，宝宝没有接种的禁忌，应选择接种。

注意：二类疫苗应在不影响一类疫苗情况下进行选择性注射。

* 一类疫苗接种计划表

一类疫苗	接种疫苗	预防疾病	注意事项
卡介苗	第1次：生后2~3天	结核病	早产、难产以及出生体重小于2.5千克的宝宝应该慎种。正在发热、腹泻、严重皮肤病的宝宝应缓种。结核病，急性传染病，心、肾疾患，免疫功能不全的宝宝禁种
	第2次：7周岁		
乙肝疫苗	第1次：24小时内	乙型病毒性肝炎	肝炎，发热，急窗体底端性感染，慢性严重疾病，过敏性体质的宝宝禁种。如果是早产儿，则要在出生1个月后方可注射
	第2次：1个足月		
	第3次：6个足月		
脊髓灰质炎疫苗	第1次：2个足月	脊髓灰质炎（宝宝麻痹）	接种前一周有腹泻的宝宝，或一天腹泻超过4次者，发热、急性病的宝宝，应该暂缓接种。有免疫缺陷症的宝宝，正在使用免疫抑制剂(如激素)的宝宝禁种。对牛奶过敏的宝宝可服液体疫苗
	第2次：3个足月		
	第3次：4个足月		
	第4次：4周岁		

一类疫苗	接种疫苗	预防疾病	注意事项
百白破疫苗	第1次：3个足月 第2次：4个足月 第3次：5个足月 第4次：1.5周岁	百日咳 白喉 破伤风	发热、急性病或慢性病急性发作期的宝宝应缓种。中枢神经系统疾病(如癫痫)，有抽风史的宝宝，严重过敏体质的宝宝禁种
麻疹疫苗	第1次：8个足月 第2次：7周岁	麻疹	患过麻疹的宝宝不必接种。正在发热或有活动性结核的宝宝，有过敏史(特别是对鸡蛋过敏)的宝宝禁种。注射丙种球蛋白的宝宝，间隔1个月后才可接种
A群流脑疫苗	第1次：6个足月 第2次：9个足月 第3次：3周岁 第4次：7周岁	流行性脑脊髓膜炎	脑及神经系统疾患(癫痫、癔症、脑炎后遗症、抽搐等)，过敏体质，严重心、肾疾病，活动性结核病的宝宝禁种。发热、急性疾病的宝宝可缓种
乙脑疫苗	第1次：1周岁 第2次：2周岁	流行性乙型脑炎	发热、急性病或慢性病急性发作期的宝宝应缓种。有脑或神经系统疾患，过敏体质的宝宝禁种

* 二类疫苗接种计划表

二类疫苗	接种对象	注意事项
流感疫苗	7个足月以上，患有哮喘、先天性心脏病、慢性肾炎、糖尿病等抵抗疾病能力差的宝宝可考虑接种	6个月以下的宝宝，具有过敏体质（尤其是对鸡蛋过敏）的宝宝，患有先天性疾病的宝宝，不易接种；患感冒、发热等或急性病发作时，则应等身体恢复后再接种
肺炎疫苗	一般健康的宝宝不主张选用。但体弱多病的宝宝，应该考虑选用	处于高热或急性传染病发病期的宝宝和对破伤风蛋白过敏的宝宝慎用

二类疫苗	接种对象	注意事项
轮状病毒疫苗	2~6个月大的宝宝可以考虑该疫苗能避免宝宝严重腹泻	疫苗使用后4周内，在给宝宝换尿布后应多洗手，以免排泄出的活病毒引起粪口传播
HIB疫苗	也叫嗜血流感杆菌疫苗 5岁以下宝宝可考虑选用 该疫苗能避免宝宝感染B型流感嗜血杆菌	世界上已有20多个国家将HIB疫苗列入常规计划免疫 处于高热或急性传染病发病期的宝宝，以及对破伤风蛋白过敏的宝宝慎用
狂犬病疫苗	即将要上幼儿园的宝宝考虑接种	有严重疾病史、过敏史、免疫缺陷病者禁种。一般疾病治疗期、发热期的宝宝要缓种。接种过程中应忌食油、可乐、咖啡、浓茶、刺激性食物，以免导致接种失败
水痘疫苗	抵抗力差的宝宝可以选用	发热、急性病或慢性病发作期的宝宝应缓种。免疫缺陷，正在接受免疫抑制剂治疗的宝宝，过敏体质的宝宝禁种
甲肝疫苗	1岁以上未患过甲型肝炎但与甲型肝炎患者有密切接触的宝宝应该接种	发热、急性病或慢性病发作期的宝宝应缓种。免疫缺陷，正在接受免疫抑制剂治疗的、过敏体质的宝宝禁种

* 专家面对面：

接种疫苗后，宝宝会出现发热和周身不适等全身反应。一般发热在 38.5 ℃以下，持续 1~2 天均属正常反应，不需要特殊处理，只要注意多喂水、让宝宝多休息即可。如果宝宝高热，可服用退烧药，也可以做物理降温。

同时要注意区分接种反应与疾病症状，以免延误宝宝疾病的治疗时间。

如果宝宝在接种后出现局部感染、无菌性脓肿；晕针、癔症；皮疹、血管神经性水肿、过敏性休克等异常反应，则应在医生的指导下对宝宝进行相应的治疗。

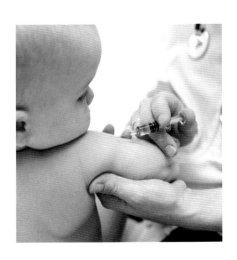

Part 13

宝宝常见病防与治

∾ 便秘 ∾

* 宝宝症状

宝宝大便干硬，排便时哭闹费力。

次数比平时明显减少，有时2~3天甚至6~7天排便一次。

* 防治与护理

让宝宝多吃含粗纤维丰富的蔬菜和水果，如芹菜、韭菜、萝卜、香蕉等，以刺激肠壁，使肠蠕动加快，粪便就容易排出体外。

清晨起床后给宝宝饮温开水1杯，白天也要注意多给宝宝饮用白开水。白开水是宝宝最好的饮料，可以促进肠蠕动。

采取正确的引导有助于宝宝养成按时排便的习惯，从而减少便秘的发生。

在宝宝不想排便时，千万不要强制排便，也不要让宝宝长时间蹲坐便盆。

* 专家面对面

便秘的发生常常由于消化不良或脾胃虚弱引起。过多地食用鱼、肉、蛋类，缺少谷物、蔬菜等食物的摄入也是一个重要原因。由于宝宝肠道功能尚不完善，一般不宜用果导等导泻剂治疗，否则容易引发肠道功能紊乱。

❧ 腹泻 ❧

* 宝宝症状

腹泻是宝宝最常见的多发性疾病，是由多病因、多因素引起的疾病。有宝宝的生理性腹泻、胃肠道功能紊乱导致的腹泻、感染性腹泻等。

其中感染性腹泻的病源有细菌、病毒、真菌等，患病的宝宝拉肚子并且身体脱水。

* 防治与护理

腹泻会导致宝宝脱水，妈妈要给宝宝补充足够的水。

宝宝在腹泻期间，一定要继续母乳喂养。6个月以上的宝宝可以喂些茶汤、米汤、菜汤、米粥或者是不含乳糖的牛奶，而且要遵循少量多餐的原则，不要给宝宝生、冷、油腻的食物。

由于宝宝的皮肤比较娇嫩，而且腹泻时排出的大便，一般酸性较强，会对宝宝小屁股的皮肤引起伤害。所以，在宝宝每次排便后，妈妈都要用温水先清洗会阴及周围的皮肤，然后再清洗肛门，最后用软布擦干。

3天后不见好转应改变治疗方案。重度脱水的宝宝应去医院就诊，采取静脉补液，切忌滥用抗生素。

* 专家面对面

预防宝宝腹泻一要加强食品卫生与水源管理；二要提倡母乳喂养，尽量避免夏季断奶；三要合理喂养，添加辅食应逐步进行；四要养成良好的卫生习惯，食前便后洗手，做好食品、食具消毒；五要避免长期滥用广谱抗生素。广谱抗生素的长期应用会导致肠道菌群紊乱，使腹泻加重或迁延不愈。

育儿一点诀

乳酶生和抗菌消炎药不能同时服用，抗菌消炎药能抑制或杀灭乳酸杆菌，使乳酶生失去药效。此外，苏打等碱性药物、活性炭、鞣酸蛋白等收敛药物也会降低乳酶生的药效，这些药物都不宜同时服用。

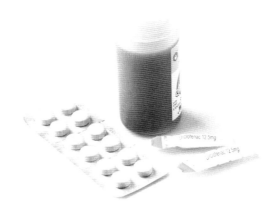

流涎

＊宝宝症状

宝宝口中唾液不自觉从口内流溢出，常常打湿衣襟，容易感冒和并发其他疾病。

有的不经治疗甚至会数年不愈。

＊防治与护理

注意观察宝贝的表现，找出流涎原因。特别是宝宝发烧、拒绝进食时，要进行口腔检查，观察有无溃疡。

如果是脾胃虚弱引起，平时不要给宝宝穿着过多或过厚。饮食上注意节制，以防体内存食生火加重流涎现象，引起呼吸道感染。

在医生的指导下进行中医推拿治疗。

如果是脾胃积热引起的流涎，可取新鲜石榴适量，去皮后将其捣烂，加适量的温开水调匀，取石榴汁涂于口腔。

＊专家面对面

1岁以内的婴幼儿因口腔容积小，唾液分泌量大，加之出牙对牙龈的刺激，大多都会流口水。随着生长发育，大约在1岁左右流口水的现象就会逐渐消失。如果到了2岁以后宝贝还在流口水，就可能是异常现象，如脑瘫、先天性痴呆等。

育儿一点诀

宝宝病理性流涎的原因大致有两个：一是大人们经常因宝宝好玩而捏压宝宝脸颊部；二是宝宝患有口腔疾病，如口腔炎、唇部溃疡等。

夜啼

* 宝宝症状

宝宝白天安静如常，入夜啼哭或每夜多次啼哭。

生理性夜啼哭声响亮，哭闹间歇时精神状态和面色均正常，食欲良好，吸吮有力，发育正常，无发烧等。

病理性夜啼多是由于宝宝患有某些疾病，引起不舒适或痛苦。其哭闹特点为突然啼哭，哭声剧烈、尖锐或嘶哑，呈惊恐状，四肢屈曲，两手握拳，哭闹不休，虽然抱起或喂奶仍无济于事。

有的宝宝伴有精神萎靡，烦躁不安，面色苍白，吸吮无力或不吃奶的表现。

* 防治与护理

作息规律黑白颠倒、暂时性的饥渴、饱胀、环境吵闹等也会让宝宝夜啼。这些都不会对宝宝的健康产生太大影响，只要消除原因，就可以使宝宝恢复良好的睡眠。

如果宝宝因为暂时性饥渴而哭闹，可以让宝宝躺在妈妈怀里吃奶，往往也会很容易安心睡着。

睡前避免给宝宝吃容易胀气的食物，如苹果、甜瓜、巧克力等甜物。

睡前有喝奶习惯的话，奶粉不要兑得太浓，最好在睡前半小时之前喂奶。

* 专家面对面

宝宝夜啼时，妈妈要观察宝宝是没吃饱还是吃得太饱？是被褥太厚让宝宝觉得闷热，还是太薄冻着宝宝了？睡衣上是不是有线头、商标扎着宝宝的皮肤了？是不是纸尿裤的大小不太合适等原因，只有这样才能更好地安抚宝宝，使宝宝停止哭闹。哭闹得太厉害，你想尽办法也无法止住的，可以带宝宝去医院，在向医生说明情况后开些对睡眠有效的药物。

肠套叠

* 宝宝症状

肠套叠是婴幼儿常见的一种急腹症，是一部分肠管套入相邻的肠管之中，造成了肠道梗阻的病变。当吃了不易消化的食物，过食冷饮及有刺激性的食品时，容易诱发肠蠕动紊乱，导致肠套叠的发生。

肠套叠的主要症状是：

宝宝尖声哭叫，阵阵发作，伴有呕吐，甚至出现果酱样血性大便。

宝宝突然发生阵发性腹痛、呕吐、大声啼哭、双膝卷起，表情甚为痛苦。

剧烈阵痛后，宝宝似乎又和平常一样，下一波阵痛开始时，又哭号不已，很难安抚。

随着套叠的时间加长，可能排出黏黏的血便。

肠套叠多在宝宝6个月左右发生，家长要尤为注意。

* 防治与护理

保持宝宝的肠道功能正常。不要突然改变宝宝的饮食，辅食要逐渐添加，使宝宝娇嫩的肠道有适应的过程，以防出现肠管蠕动异常。

平时要避免宝宝腹部着凉。要适时为宝宝增添衣被，预防因气候变化引起肠功能失调。

防止宝宝肠道发生感染，讲究卫生，严防病从口入。

不擅自给宝宝滥用驱虫药，避免各种容易诱发肠蠕动紊乱的不良因素。

一经发现宝宝患有肠套叠，必须立即送医。这样会减少宝宝的痛苦，避免危险发生。

* 专家面对面

宝宝送医过程中，家长也不能忽视，同时还要注意：

1 立即给宝宝禁食禁水，以减轻胃肠内的压力。

2 不能给宝宝服用止痛药，以免掩盖症状，影响医生的诊断。

3 途中，家长应注意观察宝宝病情变化，如呕吐物、大便的次数、量等情况，在向医生讲述病情的时候要尽可能详细。

湿疹

* 宝宝症状

湿疹俗称"奶癣"，是一种宝宝常见的皮肤炎症。

患儿患处有红色疹点或红斑，逐渐增多，有的融合成大片，可伴有流水、糜烂、结痂、瘙痒，常反复不愈。

一般好发于头面部，以后逐渐蔓延至颈、肩、背、四肢，甚至可波及全身。

宝宝常因极瘙痒而烦躁不安，夜间哭闹以至影响睡眠。有时因宝宝用手抓痒常可致皮肤细菌感染而使病情进一步加重。

* 防治与护理

尽量采用母乳喂养，一般来讲，人奶也容易引起湿疹。常常与宝宝的体质和妈妈的饮食结构有关系。如果妈妈食用海鲜、肉类、蛋类、奶、豆制品时宝宝的湿疹加重了，妈妈就要暂停该种食品。

添加辅食时，应由少到多，由一种到多种加，使宝宝慢慢适应，也便于父母观察是何种食物引起过敏。

已患了湿疹的宝宝，应避免或减少食鱼、虾、蟹等海鲜品或刺激性较强的食物。

给宝宝多吃清淡、易消化、含有丰富维生素和矿物质的食物，这样可以调节宝宝的生理功能，减轻皮肤过敏反应。

避免宝宝过胖。肥胖的宝宝，患湿疹的可能性就要大得多。

* 专家面对面

必要时可在医生指导下使用消炎、止痒、脱过敏药物，切勿自己使用任何激素类药膏。因为这类药物外用过多会被皮肤吸收，给宝宝身体带来不良反应。一般来说，只要合理安排宝宝的饮食，必要时配合必要的药物治疗，宝宝湿疹是可以控制的。即使一时控制得不好，随着断奶时间的延长，也会逐渐消失。

育儿一点诀

宝宝湿疹的诱发原因：对牛、羊奶，牛、羊肉、鱼、虾、蛋等食物过敏；过量喂养而致消化不良；吃糖过多，造成肠内异常发酵；肠寄生虫；强光照射；肥皂、化妆品、皮毛、细小纤维、花粉、油漆的刺激。另外，湿疹也有遗传倾向。

荨麻疹

* 宝宝症状

荨麻疹是一种常见的儿科过敏性皮肤病，也就是俗话常说的"风疹"。

发病时，宝宝的皮肤上出现很多形状不同、大小不一、红色、隆起、中间呈白色的疹子，患病部位会发生剧痒。

疹子出现后24小时内会自动消失。由于剧痒，宝宝往往会因为过度抓搔，造成皮肤表皮破损而引起继发性皮肤感染。

* 防治与护理

多给宝宝吃碱性的食物如葡萄、海带、番茄、芝麻、黄瓜、胡萝卜、香蕉、苹果、橘子、萝卜、绿豆、薏仁米等，有助于减少荨麻疹发病。

平时多注意锻炼宝宝的皮肤，使其减少过敏的发生。室温不是过于低的时候，只要宝宝不是正在出汗，提倡用冷水洗脸、洗手。

给宝宝穿的衣物只要保温即可，不需要太过保暖，使皮肤能接受到合理的物理性刺激，以防止自律神经过敏性的亢进。

此外，还要让宝宝多运动，增强体质，以期减少过敏次数，推荐的运动为游泳。

* 专家面对面

如果宝宝除了局部瘙痒的皮肤症状外，还伴有腹痛、下痢、呕吐甚至呼吸困难等症状，就是全身性急性荨麻疹，必须赶紧送医院治疗。

水痘

* 宝宝症状

宝宝会有轻微发烧、不适、食欲欠佳等与感冒类似的症状。

身上会出现小红点，由胸部、腹部开始，再扩展至全身。

小红点变大，成为有液体的水疱。

一两天后，水疱破裂，结成硬壳或疙瘩。

新的小红点不断分批出现，并重复同一过程。

各期皮疹可同时存在，即同时可见斑疹、丘疹、疱疹、结痂。1~3周后，痂皮脱落，完全康复，不会留有疤痕。

* 防治与护理

生水痘后，要给宝宝吃富有营养易消化的食品，同时，要多喝开水和果汁水。

保持宝宝的凉爽，给他穿舒适的棉质衣服。

用炉甘石油液擦于患处，帮助宝宝减轻痛痒，然后在微温的水中加入1大勺小苏打，溶解后给宝宝擦洗。

不要让宝宝的指甲太长，避免他在抓痒时造成损伤，抓破的水疱易于感染并且容易留下疤痕。

如果宝宝痛痒难忍，可以用抗组胺糖浆。

* 专家面对面

由于水痘是一种传染性疾病。因此要注意，不要让宝宝和其他宝宝或者没有患过水痘的大人接触。在宝宝发高烧、你无法控制情况、宝宝拒绝喝饮料或者宝宝眼睛周围出现了大量水疱的情况下，你应该带宝宝去看医生。

育儿一点诀

虽然水痘疫苗没有列在计划免疫范围内，但还是建议没有得过的宝宝接种疫苗。

接种地点	社区卫生保健站、各医院保健科
接种时间	最好在身边没有被感染的人时就注射疫苗。因为注射疫苗后，需要经过一段时间后才能产生抗体
疫苗参考价格	国产的160元左右，进口的280元左右

鹅口疮

* 宝宝症状

鹅口疮是一种由霉菌（白色念珠菌）引起的口腔黏膜感染性疾病。

患儿口腔舌上或两颊内侧出现白屑，渐次蔓延于牙龈、口唇、软硬腭等处。

白屑周围绕有微赤色的红晕，互相粘连，状如凝固的乳块，随擦去随时生起，不易清除。

轻者，除口腔舌上出现白屑外，并无其他症状表现；重者，白屑可蔓延至鼻道、咽喉、食道，甚至白屑叠叠，壅塞气道，妨碍哺乳，啼哭不止。如见病儿脸色苍白、呼吸急促、啼声不出者，为危重症候。

* 防治与护理

奶瓶，宝宝用过的其他物品要经常清洗或消毒。

喂乳前后用温水将乳头冲洗干净，喂乳后再给宝宝喂服少量温开水。

用1：3银花甘草液等擦洗口腔，每日3~4次，局部溃破可外涂适量冰硼散或1%龙胆紫。

* 专家面对面

宝宝患这种病，主要是乳头、食具不卫生，使霉菌侵入口腔黏膜导致的。

长期服用抗生素的宝宝也容易患此病。

发现宝宝患鹅口疮要及时到医院请有经验的医生治疗。在门诊常遇到将本病误诊为其他口腔感染的情况。如有的患儿表现为黏膜充血比较明显，可能会被误诊为细菌或病毒感染性口炎。由于用药不当或自行使用抗生素，反而造成了病情加重。

❀ 咳嗽 ❀

＊宝宝症状

继发于感冒之后的称为"外感咳嗽"，没有明显感冒症状。

长久、反复发作的称为"内伤咳嗽"。

外感咳嗽有风寒、风热之分，观察宝宝舌苔可以区别两类咳嗽。

如果舌苔是白的，则是风寒咳嗽；如果舌苔是黄、红色，则是风热咳嗽。

＊防治与护理

风寒咳嗽的宝宝应吃温热、化痰止咳的食品。

风热咳嗽的宝宝内热较大，应吃清肺、化痰止咳的食物。

内伤咳嗽的宝宝则要吃调理脾胃、补肾、补肺气的食物。

天气好的时候带宝宝到室外玩一玩。

在保暖措施足够的情况下，给宝宝舒舒服服地洗个热水澡。

＊专家面对面

父母不要一看到宝宝有点咳嗽就喂消炎药，因为用药往往使宝宝的胃口变差。食欲不好，营养就跟不上，宝宝的抵抗力就差，反而容易引起并发症。宝宝如果没有什么特别异常的反应，不需要去看医生，因为这个时候带宝宝去医院，有可能会感染其他疾病。

育儿一点诀

适宜食疗调养的几类咳嗽：虽有咳嗽、发烧，但精神好，大多是感冒或扁桃体炎；感冒、发烧后又一直咳嗽；咳嗽、痰多，但不发热，精神好；只发生在清晨的咳嗽。

佝偻病

* 宝宝症状

由于体内维生素D不足引起的全身钙、磷代谢失常，使钙、磷不能正常沉着在骨骼的生长部分，严重的可发生骨骼畸形。

患病的宝宝抵抗力低下，烦躁不安、易激惹、夜惊和多汗。在吃奶或哭闹时出汗特别明显，睡觉时汗多，可浸湿枕头。

由于汗的刺激，宝宝常摇头擦枕，以致枕部一圈头发脱落；出现方颅、前囟门大、10个月还没有出牙等症状。

消瘦的宝宝双臂向上举起时，可以看到一部分的前胸肋骨像串珠一样凸起；有的宝宝胸廓下方像喇叭一样张开，最下面的肋骨明显向外突出；有的宝宝胸骨下部凹陷呈漏斗状，还有的宝宝胸骨中央突起，呈"鸡胸"状。

患儿运动功能发育也明显迟缓。

容易并发呼吸道和消化道感染性疾病而危及生命。

* 防治与护理

宝宝每天在室外活动2个小时以上，体内的7-脱氢胆固醇就会在紫外线的照射下转化为具有活性的维生素D。

要及时、合理地添加如蛋黄、猪肝、豆制品和蔬菜等辅食，也能增加维生素D的摄入量。母乳喂养宝宝的妈妈，每天应该服400到800国际单位的维生素D。

在医生的指导下，给宝宝服用复合维生素D制剂。

* 专家面对面

在北方冬春季节，宝宝户外活动较少，阳光照射就不足。尤其是烟尘笼罩的城市，阻挡了部分紫外线的透过，所以发病率较高，再加上很多母乳喂养的宝宝，由于妈妈的食物中缺乏维生素D，所以母乳中含有的维生素D均不能完全满足宝宝生长需要，如果不及时添加辅食或鱼肝油，也容易得佝偻病。

百日咳

宝宝症状

百日咳是宝宝常见的呼吸道传染病之一，患病宝宝流鼻涕、咳嗽、发烧、眼睛疼痛。

常有阵发性痉挛性咳嗽，咳后有鸡鸣样的回声。

在阵发性咳嗽发作的时候，会发生呕吐甚至因窒息导致面孔青紫。

少数情况下，会发生抽搐。

防治与护理

室内不要吸烟，保持室内空气新鲜，阳光充足。

在宝宝咳嗽的间隙给宝宝补充大量的水分。

患病的宝宝通常胃口不佳，所以应该选择营养高、易消化、较黏稠的食物，少量多次地给宝宝进食，以保证营养的摄取。

患百日咳的宝宝咳嗽剧烈，所以父母在给患儿喂饭时，要特别小心，以免造成宝宝窒息。

如果宝宝进食时由于咳嗽而吐食，等吐完后，要漱口以保持口腔清洁。

宝宝的被服用具等应经常曝晒或煮沸消毒。

对宝宝态度要和蔼，可以讲故事、做游戏以转移宝宝的注意力，减少咳嗽的次数。

百日咳有传染性，在初患病的半月内传染性最强，应注意患儿的隔离。

专家面对面

如果宝宝呼吸困难，出现面部青紫或身体抽搐，家长需要立即将宝宝送医院进行紧急救护。

育儿一点诀

百日咳是一种严重而痛苦的传染病，从鼻腔到肺部的整个呼吸系统都受到感染而发炎。虽然各个年龄的人都有可能被传染，但是对2岁以下的宝宝来说，病情可能更严重。因此，父母要按计划给宝宝接种百日咳疫苗来预防宝宝感染这种疾病。

手足口病

* 宝宝症状

手足口病是一种由数种肠道病毒引起的传染病，主要侵犯对象是5岁以下的宝宝。

手足口病常常表现为：

起初出现咳嗽、流鼻涕、烦躁、哭闹症状，多数不发烧或有低烧。

发病1~3天后，宝宝口腔内、颊部、手足心、肘、膝、臀部等部位出现小米粒或绿豆大小、周围发红的灰白色小疱疹，不痒、不痛、不结痂、不结疤、不像蚊虫咬、不像药物疹、不像口唇牙龈疱疹、也不像水痘。

口腔内的疱疹破溃后即出现溃疡，导致宝宝常常流口水，不能吃东西。

手足口病具有流行面广、传染性强、传播途径复杂的特点。病毒可以通过唾液飞沫或带有病毒之苍蝇叮爬过的食物，经鼻腔、口腔传染给健康的宝宝，也可直接接触传染。

* 防治与护理

手足口病传播途径多，婴幼儿容易感染，注意卫生是预防本病的关键：

饭前、便后、外出后要用肥皂或洗手液等给宝宝洗手。

不要让宝宝喝生水、吃生冷食物，避免接触患病的宝宝。

看护人接触宝宝前、给宝宝更换尿布时、处理粪便后均要洗手，并妥善处理污物。

宝宝使用的奶瓶、奶嘴使用前后应充分清洗。

本病流行期间不要带宝宝到人群聚集、空气流通差的公共场所，注意保持家庭环境卫生，居室要经常通风，勤晒衣被。父母要及时对宝宝的衣物进行晾晒或消毒。

宝宝一旦出现相关症状要及时到医疗机构就诊。轻症宝宝不必住院，宜居家治疗、休息，避免交叉感染。

患病宝宝用过的物品要彻底消毒：可用含氯的消毒液浸泡，不宜浸泡的物品可放在日光下曝晒。

宝宝患病后宜给宝宝吃清淡、温性、可口、易消化、柔软的流质或半流质食物，禁食冰冷、辛辣、咸等刺激性食物。治疗期间应注意不要让宝宝吃鱼、虾、蟹等水产品。

患病宝宝饭前、饭后要用生理盐水漱口，也可以用棉棒蘸生理盐水轻轻地清洁口腔。

* 专家面对面

口腔糜烂的患病宝宝，可在医生指导下将维生素B_2粉剂或鱼肝油，直接涂在口腔糜烂的部位，口服维生素B_2、维生素C也可。

育儿一点诀

手足口病小偏方：使用于已添加辅食的宝宝，取鲜荷叶2张，白米50克。将荷叶切碎，煮粥给宝宝吃。每日一次，可减轻宝宝症状。

扁桃体发炎

* 宝宝症状

急性扁桃体炎发病较急，主要症状有恶寒、发热、全身不适、扁桃体红肿、吞咽困难且疼痛等。

慢性扁桃体炎症状较轻，常感到咽喉部不适，有轻度梗阻感，有时影响吞咽和呼吸。

* 防治与护理

加强锻炼，特别是冬季，要多参与户外活动，使身体对寒冷的适应能力增强，减少扁桃体发炎的机会。

保持口腔清洁，吃东西后要漱口。

宝宝患病后应卧床休息，多饮水。如果感觉吞咽疼痛，应给宝宝喂食流质（牛奶、米汤）或半流质或软食（粥、面）；高热时给退热药。

急性扁桃体炎多为细菌感染所致，特别是化脓菌，如链球菌、金黄色葡萄球菌等，因此必须遵医生嘱咐使用抗生素，其中青霉素类最有效。根据炎症的轻重程度可选择口服或静脉注射。

慢性扁桃体炎或扁桃体肥大可做扁桃体切除。

* 专家面对面

发现宝宝有急性扁桃体炎的症状后要及时送医院，因为急性扁桃体炎如果不及时治疗，可发展为各种并发症，如扁桃体周围肿脓、急性中耳炎、化脓性淋巴结炎等。有时在急性扁桃体炎后3周左右可出现急性肾炎或风湿热。

育儿一点诀

现在多采用扁桃体快速挤切术。手术时先在患儿嘴内喷表面麻醉药，医生使用一种叫挤切刀的器械，在患儿张口的一瞬间就能将扁桃体全部切除，手术十分迅速，患儿还未感觉疼痛，手术就完成了，不需住院，术后在门诊观察1~2小时便可以回家。

肺炎

宝宝症状

发热、咳嗽、呼吸困难。也有不发热而咳喘重者。

防治与护理

让宝宝躺在床上休息，每隔2~3小时给宝宝翻一次身，仰卧、侧卧相互交替，并轻轻地拍打宝宝的背部，这样不仅有利于排痰和炎症的吸收，还能够避免肺部一处长时间受挤压。

如果宝宝出现呼吸急促的情况，可以用枕头将宝宝的背部垫高，让宝宝能够顺利呼吸；

发现宝宝有痰液时，让宝宝咳出痰液，保持呼吸道通畅；

如果宝宝太小不会咳，父母则要帮宝宝吸出痰液；

还要及时清除宝宝鼻痂和鼻腔内的分泌物；

根据宝宝的年龄特点给以营养丰富、易于消化的食物。

吃奶的患儿应以乳类为主，可适当喝点水；牛奶可适当加水兑稀一点。每次喂少些，增加喂的次数。若发生呛奶要及时清除鼻孔内的乳汁。

年龄大一点能吃饭的患儿，可吃营养丰富、容易消化、清淡的食物，多吃水果、蔬菜，多喝水。

要密切注意观察宝宝的精神、面色、呼吸、体温及咳喘等症状体征的变化。

若宝宝有严重喘憋或突然呼吸困难、烦躁不安的情况出现，则有可能是痰液阻塞了呼吸道，需要立即吸痰、吸氧，应及时请医生采取救治措施。

专家面对面

宝宝肺炎起病急、病情重、进展快，是威胁宝宝健康乃至生命的疾病。但有时它又与宝宝感冒的症状相似，容易混淆。因此，家长有必要掌握这两种宝宝常见病的鉴别知识，以便及时发现宝宝肺炎，及早医治。

鉴别它们并不太难，可从"一测、二看、三听"入手。

一测，是指测体温。宝宝肺炎大多发热，而且多在38℃以上，并持续2~3天以上不退，如用退热药只能暂时退一会儿。宝宝感冒也发热，但以38℃以下为多，持

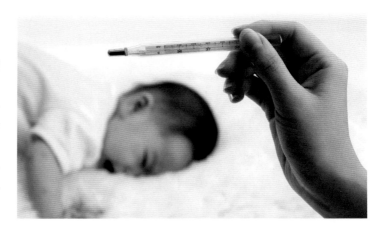

续时间较短，用退热药效果也较明显。

二看，主要看以下四个方面：

1 看咳嗽呼吸是否困难。宝宝肺炎大多有咳嗽或喘，且程度较重，常引起呼吸困难。感冒和支气管炎引起的咳嗽或喘一般较轻，不会引起呼吸困难。呼吸困难表现为憋气，两侧鼻翼一张一张的，口唇发紫，提示病情严重，切不可拖延。

2 看精神状态。宝宝感冒时，一般精神状态较好，能玩。宝宝患肺炎时，精神状态不佳，常烦躁、哭闹不安，或昏睡、抽风等。

3 看饮食。宝宝感冒，饮食尚正常，或吃东西、吃奶减少。但患肺炎时，饮食会显著下降，不吃东西，不吃奶，常因憋气而哭闹不安。

4 看睡眠。宝宝感冒时，睡眠尚正常，但患肺炎后，多睡易醒，爱哭闹；夜里有呼吸困难加重的趋势。

三听，是指听宝宝的胸部。由于宝宝的胸壁薄，有时不用听诊器用耳朵听也能听到水泡音，所以家长可

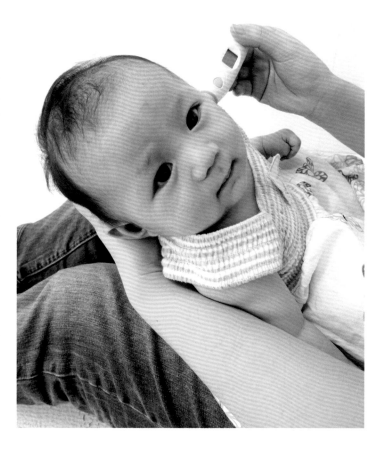

以在宝宝安静或睡着时在宝宝的脊柱两侧胸壁，仔细倾听。肺炎患儿在吸气末期会听到"咕噜""咕噜"般的声音，称之为细小水泡音，这是肺部发炎的重要体征。宝宝感冒一般不会有此种声音。

图书在版编目(CIP)数据

80后亲密育儿／岳然编著. —北京：中国人口出版社，2013.8

ISBN 978-7-5101-1881-4

Ⅰ.①8… Ⅱ.①岳… Ⅲ.①婴幼儿—哺育—基本知识 Ⅳ.①TS976.31

中国版本图书馆CIP数据核字（2013）第167823号

80后亲密育儿

岳然 编著

出版发行	中国人口出版社
印　　刷	北京盛兰兄弟印刷装订有限公司
开　　本	820毫米×1400毫米　1/24
印　　张	11
字　　数	200千
版　　次	2013年8月第1版
印　　次	2013年8月第1次印刷
书　　号	ISBN 978-7-5101-1881-4
定　　价	39.00元（赠送CD）

社　　长	陶庆军
网　　址	www.rkcbs.net
电子信箱	rkcbs@126.com
电　　话	(010) 83534662
传　　真	(010) 83515922
地　　址	北京市西城区广安门南街80号中加大厦
邮政编码	100054